那些你念念不忘的昨天，终有一天你会笑着说出来；
那些你畏畏缩缩的明天，终有一天你会从容走过去。

所有失去的都会以另一种方式归来

乔子青 著

All that is lost will return in another way

台海出版社

图书在版编目（CIP）数据

所有失去的都会以另一种方式归来 / 乔子青著. --
北京：台海出版社, 2018.11

ISBN 978-7-5168-2154-1

Ⅰ. ①所… Ⅱ. ①乔… Ⅲ. ①成功心理 - 通俗读物
Ⅳ. ①B848.4-49

中国版本图书馆CIP数据核字(2018)第244967号

所有失去的都会以另一种方式归来

著　者：乔子青

责任编辑：武　波　　装帧设计：尚世视觉
版式设计：薛桂萍　　责任印制：蔡　旭

出版发行：台海出版社
地　址：北京市东城区景山东街20号　　邮政编码：100009
电　话：010-64041652（发行，邮购）
传　真：010-84045799（总编室）
网　址：http: //www. taimeng.org.cn/thcbs/default.htm
E-mail：thcbs@126.com

经　销：全国各地新华书店
印　刷：北京欣睿虹彩印刷有限公司
本书如有破损、缺页、装订错误，请与本社联系调换

开　本：880mm × 1230mm　　1 / 32
字　数：170千字　　印　张：7
版　次：2018年11月第1版　　印　次：2018年11月第1次印刷
书　号：ISBN 978-7-5168-2154-1

定　价：42.00元

前 言
Foreword

人生总有那么多的措手不及与不堪回首。

从哭着来到这个世界，就注定这辈子要经历酸甜苦辣，爱恨情仇。无论是名门望族、社会名流，还是市井小贩、平头百姓，都躲不开幸福与痛苦、顺境与歧途、成功与失败的考验。

但是，无论你遭受了多么大的打击，承受了多么大的压力，背负了多么大的委屈，都不要彷徨低迷，自暴自弃。

痛苦，不过是一份包装丑陋的礼物，因为只要你坚强，它就会教你成长。

你越成长，越会明白，过去的一切——破碎的，完整的，丑陋的，美丽的——都是人生的一部分，即使不愿，你也无法分割。就像一面镜子放在阳光下，有明亮耀眼的一面，也有阴沉黑暗的一面，但这光和影的两极呈现，才是一个真实的存在。

所以，过去的，不堪的，就不要耿耿于怀。生命，无论走到哪一阶段，都应该把它当成最美好的时光，完成那一阶段的使命，顺生而行，不悲戚过去，不惶恐未来，生命这样就好。不管正遭受怎样的伤害与打击，不管正经历怎样的挣扎与挑战，我们都只有一个选择：虽然痛苦，却依然要快乐，并相信未来。

事实上，那无数个睡不着的夜晚，也许正是命运在冥冥之中引导你去寻找正确的生路。

对你来说，生路也许只有一种，那就是死里逃生。想要在残酷凛冽的世界里安然无恙地活着，九死一生或许是唯一的途径。我们真正的盛宴，往往都出现在饥寒交迫之后。

所以，纵然现在你正与苦难狭路相逢，也不要做束手就擒的降兵，在硝烟弥漫的人生场上，你要成为自己的英雄。不畏将来，不念过往，那些让你痛苦的，终究有一天你会笑着说出来。

《所有失去的都会以另一种方式归来》，很多时候，我们的生活里需要这样一本小书，将它放到随时可以拿到的地方，在内心凌乱的时候拿出来翻翻看，会让许多不应有的痛苦淡化、消失，然后重新振奋起来，继续自己前行的脚步。

寄语读者：老天给了每个人一条命、一颗心，把命照看好，把心安顿好，人生即是圆满。

目 录

Contents

CHAPTER · 07　愿你既能站稳脚跟，又能眺望远方

CHAPTER · 08　在爱情的故事里，终有人陪你颠沛流离

CHAPTER・01
苍茫世界，谁不是一路受伤，一路坚强

杨绛说，人生实苦。这是关于生命最直白的注解。人生旅程总是跌宕起伏，这是宇宙中恒久不变的定数。人这辈子，没有痛苦是不大可能了，那么就努力使痛苦尽量小些，小到什么程度没有客观尺度，总归小到你能不断把它消灭就行了。

所谓苦难，被困住了才是难

年轻的米切尔快乐极了，哼着轻快的歌曲，骑着自己新买的摩托车在公路上行驶。他骑得飞快，想要向女朋友炫耀自己的新摩托车。

然而，不幸来得就是这么突然。他习惯性地扭头看后方，看看是否有汽车驶过来。令他没有想到的是，前方的卡车突然爆胎了，米切尔根本来不及做任何反应，只能把摩托车的把手压低，让自己和摩托车滑进了卡车底部。

由于地面巨大的摩擦力，摩托车的油箱盖突然绷开，大部分汽油洒出来。汽油被摩托车和马路摩擦出的火花引燃，燃起了熊熊大火。

虽然米切尔躲过了激烈的撞击，但是全身70%的皮肤都被大火烧伤。经过好几天的抢救，米切尔才苏醒过来。等待着他的却是烧伤导致的剧烈疼痛，甚至连呼吸都困难无比。

很长一段时间，米切尔都过得生不如死，伤口的疼痛让他无法入睡。但是，凭借着坚强的意志力，他终于挺了过来。他不停地对自己说：“我还年轻，不管怎样，我一定要活下去。”之后，他开始新的生活。

可命运却好像故意和他过不去。几年后，他又遭遇了飞机失事，虽然捡回一条命，下半身却瘫痪了，只能坐在轮椅上活动。别人都在可怜他的遭遇，可这却燃起了他的斗志。他对自己说："遇到了飞机失事，我都幸运地活了下来，那么还有什么能够难住我呢？我一定要过得比之前更精彩，才不枉生命的宝贵。"

在激昂的斗志下，米切尔积极地工作和生活，成为当时美国活跃的成功人士之一。后来，他还成为科罗拉多州的副州长。在一次演讲中，他道出了生命的真谛："因为这些不幸，让我真正地体验到生命的成功与喜悦。"

米切尔的人生是不幸的，接二连三地遭遇意外，身体遭受了极大的创伤。换作其他人，恐怕早就痛不欲生，抱怨上天的不公了。可是，米切尔却没有这样做，他燃起了生命的斗志，努力地迎接新的生活。正像他自己所说的，就是因为这些不幸，才让他真正体验了生命的真谛和成功的意义。

由此可见，面对苦难和不幸，害怕和恐惧是在所难免的。但是我们不能让害怕和恐惧控制自己太长时间，只有思考如何战胜它，才能真正赢了它。一旦我们被苦难吓倒了，失去了希望和信心，那么就只能迎来更悲惨的人生。

美国作家斯蒂芬斯说："每场悲剧都会在平凡的人中造就出英雄来。"纵观古今中外，哪一个成功者没有经历过苦难和不幸。而真正坚毅的灵魂绝对不会因为遭遇苦难而失去自我，更不会沉溺于悲观。他们坚信：时光不是静止的，一切都会好起来，没有不散的乌云，更没有过不去的苦难。

孙悟空在进太上老君的八卦炉之前，没有火眼金睛，惧怕红孩儿的三昧真火，也无法识别妖魔鬼怪。被关进八卦炉之后，他每天都要被烈火焚烧，忍受非一般的疼痛。终于，劫数熬尽，他出来了，修炼了一双火眼金睛，任何妖魔鬼怪都逃不过他的眼睛。

取经路上，孙悟空保护师傅，与各种妖魔鬼怪战斗，历经了九九八十一难的考验和磨炼，才协助师傅取得了真经，修成了斗战胜佛。

即使如孙悟空般神通广大，也需经历九九八十一难。平凡的我们，又怎么能轻易地成功呢？

没有人喜欢苦难，但既然它已经横亘在我们的人生道路上，我们就不能逃避。要知道，苦难的存在价值就是磨炼我们的意志，促使我们不断成长。

所以，不要惧怕苦难，更不要逃避。被困住了，它才是苦难；战胜了，它只是磨炼。战胜它，让自己变得更加坚强果敢，我们才能在之后的道路上走得更加从容。

别让曾经的挫折，成了心魔

绝顶的瓷器是有着灵性的，需要经过精心的烧制才能成器。同时，它也体现了烧陶人的品格。

台湾的一位陶艺师对烧陶非常执着和热爱，虽然只是经营着一个小小的陶瓷工坊，却不断地研究如何烧制出精美、富有灵性的瓷器。二十多年内，他不断向前辈和大师请教学习，经历了无数次的挫折和失败，终于烧制出独具个人色彩的作品。

“炉火纯青，瓷器才能摇曳生辉”是他始终坚信的一个信条。为了烧出具有特色的作品，他改变了之前传统的烧制方式，试图改变火焰在窑炉中的穿行方式。为了改变烧制的温度，又抛弃了以往的柴烧方式，更多地运用燃气窑、电窑等多种方式。这样的改良使得他的作品总能够呈现出不一样的光彩。

尽管如此，他并没有放弃研究和创新，总是想要创作出更多不一样的产品。他把全部时间都花在陶艺之中，把这一艺术完全融入了自己的生命之中，所以被业内人士称为“十足的陶艺痴汉”。

他非常钟爱小口瓶，而这种瓶子的工艺难度是非常高的，极难烧制成功，更别说烧出一流的瓶子。这是因为，小口瓶瓶口的直径只有 0.1 厘米，温度高了或低了都难以得到最佳的效果。通常来说，10 个里有 9 个都会以失败告终。

可就是因为工艺难度高，他才不断地挑战，想要寻求更好的方法。在他看来，正是这一次次的失败才让自己不断提升技术，让自己的作品更加光彩照人。如果没有一次次的尝试，怎么能烧出绝顶的瓷器呢?

这位陶艺师的成功是多方面的，除了热爱和天赋，最重要的就是执着。这种执着来源于他对失败的理解，来源于对于成功的渴望。事实上，失败，是人生的常态，更是我们人生的财富。

没有失败，我们怎么能体会成功的喜悦；没有失败，我们怎么能找到成功的正确方向。我们要正确地面对失败，勇敢地走出失败，并且让它成为自己继续前行的动力。

一位出生在贵族家庭的年轻人，拥有了别人羡慕不已的地位和财富，享受着地位和财富带来的幸福生活。

可是，这并不是他想要的。他梦想成为一位出色的作家，写出美丽而又感人的文字。于是，他不顾家人的反对，毅然选择了写作这样一个职业。

对于他这样的选择，没有人能理解，甚至有人觉得他是哗众取宠，觉得他只是一时无聊的胡闹而已。只有他自己知道，这是他最发自内心的选择，并且要把这个决定坚持下去。他是这样想的，也是这样做的。在之后的时间内，他把全部时间都花在写作上，经过夜以继日的煎熬，终于完成了自己的首部诗作《杂草和野花》。

然而，这部凝结着他努力和心血的作品却被人们贬得一文不值。一位文学评论家毫不客气地批评说："这就是真正的'杂草和野花'，那个家伙真是太自不量力了。他以为凭一句'啊，美好的生活'就能够成为一名作家，就能够进入文人的行列？这实在是太可笑了！”

他失败了！第一部作品就成为人们谈论的笑话，而他也成为当时文学界最大的笑料。然而他并没有放弃，也没有因此萎靡不振。对他来说，那些批评就是最好的建议和最大的激励。

他继续埋头创作，笔耕不辍，完成了第一部小说《福克兰》。可等待他的依然是别人的嘲笑和讥讽，说他的这部作品简直一无是处，没有任何文学价值。一些文学界的文人认为他只是凭借自己的地位和财富才如此肆意妄为，说像他这样的纨绔子弟根本不可能写出成功的作品。

连续两次的失败，让他感到有些沮丧，他可并没有因此消沉。经过一段时间的调整，他坚持继续写作，努力完成自己的梦想。

这一次，他成功了！他的第三部作品《伯尔哈姆》一问世，就得到了广大的评论家及读者的好评。之后，他终于从失败的阴影中走了出来，创作了很多优秀的作品，成为令人尊重的小说家。他就是英国著名作家巴威尔·利顿爵士，著名的小说家、诗人、戏剧家、历史学家、演说家。

爱默生说：“每一种厄运，都隐藏着让人成功的种子。”在一次次失败中，巴威尔没有被打败，而是从中吸取经验，寻找正确的方向，终于获得了最后的成功。而除了他的作品，他的坚持和顽强也是人们津津乐道的。

失败是人生之中的常态，它让强者不断前进，也让弱者无所适从。不管我们多么不愿意失败，都必须勇敢地面对它，学会在失败中成长，并且慢慢地积蓄力量。可若是我们不能走出失败，让过去的失败成为心魔，就永远也不能奢望成功。

心魂淡定，生命才有质感

林徽因给人的印象——大诗人徐志摩爱而不得的“白月光”，是对着自己的丈夫说着“我同时爱上了两个人”的多情文人，是冰心笔下《我们太太的客厅》里优雅大方、迷倒众人的魅力太太……

当然，还有她那句“我们要在安静中，不慌不忙地坚强”。

这句话足以让人心头一震，让人萌生一种好好地阅读她的传记、品味她的人生的想法。林徽因的人生是灿烂多彩的，发生在她身上的故事更是引人入胜。当我们阅读着每一个关于林徽因的人生文字，从天真而忧伤的童年，到浪漫而多才的少女，再到幸福而多舛的婚后时光，最后到认真而又多病的生命终结，都可以领略到她人生的传奇。

然后我们发现，这个被奉为传奇的女人，并不比我们普通人拥有更好的命运，她的传奇在于拥有丰富而强大的内心，拥有柔而不娇的品性。

与前半生相比，林徽因的后半生更令人欣赏和津津乐道。

当时日军对我国重点城市展开狂轰滥炸，林徽因跟随丈夫梁思成等人不得不离开北京，风餐露宿，一路颠簸，来到了云南昆明一个叫李庄的小村。李庄整日雾气笼罩，烟雨绵绵，房屋潮湿异常，林徽因不幸染上了疾病，只能卧床休息，暂时也处于“失业”状态。梁思成虽在一所学校教课，但收入少得可怜。更糟糕的是，这里连最起码的生活设施都没有，吃水用水要到村边水塘去挑，冒着尘土或泥泞跋涉到村里购买买得起的食品并带回家。这事必须天天做，因为冷藏根本不存在；缺少洗涤用的肥皂，没有供书写的纸张，床上的臭虫成群结队。当然，这里更没有电，没有电话，也没有车子或役畜等运输手段。总之，战争让林徽因一家变成穷人家。

林徽因不喜欢川南小镇的潮湿和偏僻，却开导自己说：“当一个人独处在静静的大花园中的寂寞房子里时，忽然天空和大地一齐都黑了下来。这是一个人一辈子都忘不了的。”虽然面对生活的困境，她像一个农村的家庭主妇一样，什么粗活累活都干，有时要靠朋友们的资助才能维持日常的家庭开支，但林徽因没有抱怨过这样的生活。她让文字不悲不泣，日子不惊不扰，用一段话做了合理解释：

“一样是旅行，如果你背上肩的不是照相机而是一点做买卖的小血本，你就需要全副的精神来走路，你得留神投宿的地方，你得计算一路上每吃一次烧饼和几颗莎果的钱。遇着同行时战战兢兢地打招呼，互相捧出诚意，遇着困难时好互相关照帮忙。到了一个地方你是真带着整个血肉的身体到处碰运气，紧张的境遇不容你不奋斗，不容你不坚强。”

与此同时，林徽因仍保持她的创造天赋和坚毅态度，她在李庄完成了诗作《一天》《忧郁》等，论文《现代住宅设计的参考》；协助梁思成编著英文注释的《图像中国建筑史》，完成了中文的《中国建筑史》；试图把梁思成和营造学社其他成员过去十二年中搜集到的材料系统化，以至于梁思成曾说：“在战争时期的艰难日子里，营造学社的学术精神和士气得以维持，主要应归功于她。”

林徽因是一个聪慧的女子，她明白自己虽然征服不了命运，却可以驾驭自己的情感，把握自己的内心。高贵的心灵绝不会在庸俗的泥沼中沉沦，而是以高贵的姿态应对低劣的现实，在不慌不忙中慢慢坚强起来。至此我们才真正明白，林徽因值得徐志摩对她所有的浪漫，值得梁思成对她所有的细心体贴，值得金岳霖对她的终身不娶，也值得“一身诗意千寻瀑，万古人间四月天”的称赞。

外国有句谚语：“停下来，闻一闻玫瑰。从含苞到绽放然后凋谢，玫瑰从不慌张。”

玫瑰，从含苞待放到凋零枯萎，安静从容，不慌张，人在生活中也当如此。无常的人生路上，起起伏伏，无论遇到什么事，都该从从容容，不慌不乱。

在此，我们要为朋友们提个醒，这并不是一句装点门面的空话，也不是弄虚作假的作秀，它需要你在生活、工作及待人处世的每一件事情上付诸行动，证明给别人看，更要证明给自己看。当你能把生活中的坎坷看成自然状态，优雅从容地对待时，就走向了更高级的自己，活出了生命的质感。

有一个年轻漂亮的女孩，叫潇潇。和很多这个年龄的女孩一样，潇潇一直无忧无虑，生活过得风平浪静。两年前，她和相恋三年多的男友决定结婚了，幸福已经触手可及。可是，就在即将走入婚姻殿堂的前几天，不幸发生了：一次突如其来的晕倒，使潇潇陷入了绝境——她患上了癌症！

面对如此巨大的打击，潇潇的伤痛和绝望可想而知，但想到即将开始的美好新生活，再加上家人和同事的安慰与鼓励，她很快便重新振作了起来，选择了同病魔抗争。

由于接下来的多次化疗，潇潇逐渐变得憔悴不堪，甚至连原本引以为傲的一头秀发都所剩无几了，所有人看了都心疼不已。就在这时，那个曾经海誓山盟的未婚夫终于坚持不下去了，最后一去无踪。这对于潇潇来说，又是一个天大的打击，她躺在病床上整整三天三夜没有开口说话。可是，这一次，她又挺了过来。她说：“这不怪他，换作别人也可能会这样。我现在连生命都把握不了，还怎么去把握爱情？可是我要坚强起来，只要心中有希望，我相信生活会好起来的！”

之后，潇潇选择乐观地面对病痛的折磨，她坚持每天穿美美的衣服，有时还给自己化淡淡的妆，每天看起来都乐呵呵的。一般癌症患者都需要心理上的康复疏导，可是潇潇却全然不需要别人的疏导，不仅如此，她还去疏导别的病人的情绪。她还在医院临时组织了一个歌唱团队。就这样，潇潇不仅让自己的生活重新明亮和鲜活起来，而且还大大地鼓舞了同院的其他病人们。

也许是这个坚强的姑娘感动了上苍，潇潇的癌细胞得到了很好的控制，病情越来越好，越来越稳定。现在，她的身体已经恢复得差不多了，而且她的勇敢、乐观、坚强吸引了一位非常优秀的男士，那是她的主治医生，两人准备明年结婚。所有人都没有想到，这个昔日柔弱的女子，竟有本事把日子过得热气腾腾。

人，其实比想象中要坚强许多。

生命不仅有风和日丽，也有苦风和凄雨。当酸甜苦辣咸一股脑儿地袭来时，你是否也对这五味杂陈的生活感到疲惫？

一个人遭遇多少艰难和困苦，内心的挣扎和向往只有自己真正知道，心灵的归宿也只能自己去选。这时，不妨让自己的内心平静下来，认真思考是什么导致了这样的现状，俯下身去，朝着幽暗深处的自己伸出手去，用希望点燃不灭的梦想，用坚持迈开坚定的步伐，用智慧铺开前进的道路。

尽管生命里有许多不堪，但呈现于人的最终是花好月圆，这样的人该有多尊贵。

熬得过寒冷，就会有春风拂面

日本民间有一个传说，讲的是两个渔民的故事。

小渔村里住着两个年轻老实的渔民，一个叫阿呆，一个叫阿土。这个小渔村落后偏僻，人们只能依靠打渔勉强度日。而到了冬天，人们的日子就更加难过了。

阿呆和阿土过着清贫艰苦的生活，做着一朝成为百万富翁的梦。

一天晚上，阿呆做了一个奇怪的梦，梦见在小渔村对面有一座荒岛。荒岛上有一座古老的寺庙，里面种着七七四十九棵株模。每年春天，这些株模就会开出美丽的花朵，花瓣飘落，异常美丽。更重要的是，其中一棵株模开出的花朵最为鲜艳透红，下面还埋着满满一坛黄金。

阿呆因为这个美梦笑醒了，第二天就划着小船去寻找那座荒岛。果然，在不远处发现了它，和梦里一样：这里有一个古老的寺庙，里面种着四十九棵株模。阿呆高兴极了，心想自己的发财梦终于要实现了。

于是，他满心欢喜地留了下来，等待着明年春天株模开花。就这样，他从秋天等到冬天，又从冬天等到春天。

春风一吹，株模开花。可所有的树开得都是淡黄色的花朵，没有一株树开着红色的花朵。阿呆立即找到了庙里的僧人，问有没有哪一棵树开过红色的花，却得到了否定的答案。阿呆失望极了，只能长吁短叹地离开了小岛。

回到小渔村后，阿呆把这件事情告诉了阿土，并且说自己真是糊涂了，竟然相信梦里的故事。可是，阿土却觉得那棵开着红色花的株模一定是存在的，他便不顾阿呆的劝阻，一个人出海了。

阿土也在那座寺庙住了下来，庙里的僧人告诉他："你不用等了，我们这里没有开红色花的株模。之前有一个和你一样的年轻人来过，后来失望地离开了。"阿土并不以为然，还是坚持住了下来。

就这样，阿土在这里等待了一个春天又一个春天。在第三个春天的时候，他看到淡黄色的株模花中，一簇簇鲜红的花朵是那样的鲜艳和美丽。阿土高兴极了，立即在树下挖了起来，果然挖到一大箱子黄金。

从此，阿土成为了小渔村最富有的人，而阿呆则在悔恨之中度过了一生。阿土的耐心等待等出了奇迹，而阿呆则因为放弃而错失了改变命运的机会。

这个世界上最痛苦的是等待，但是最让人期待的也是等待。相信梦想并耐心地等待，熬过寒冷之后，或许在下一个春天，我们就会迎来惊喜和奇迹。生活中，我们很多人都是阿呆，心中怀有梦想，却没有足够的耐心，没有坚持的决心，结果只能错过了自己的梦想。

当然，也有部分人是阿土，因为愿意付出更多的时间和忍耐，等候着下一个春天的到来，结果终于迎来了实现梦想的时刻。

我们需要知道，春天是美好的，但是之前的冬天也是难熬的。此刻的你，或许正经历着严冬，经历着凛冽的北风。但是要记住，只要你能够再多一点耐心，多一点坚韧，严冬和北风很快就会过去，温暖的春天很快就会到来。

春天也许会姗姗来迟，但是终有一天，它会带着希望和生命向你走来。所以，很多时候，我们唯一能做的就是耐心等待，等待春天到来的那一天。

一位留学生被父母送到了加拿大，他不希望再给家里增加负担，便想要通过打工赚钱来完成学业。在那段时间，他每天都骑着一辆破旧的自行车到处找工作，帮人家割草、送报纸，帮中餐馆洗碗……总之，他什么重活累活都干过。

对于他来说，那段日子是难熬的，就好像是寒冷的冬天。但冬天再漫长，也有结束的那一天。在大学快毕业之后，他迎来了自己的春天。一天，他偶然在报纸上看到了一则招聘启事：一家加拿大电讯公司招收数名线路监控员，年薪 35000 加元。

他知道自己不能错过这个机会，便积极投递了简历。由于他能力非常出色，一路过五关斩六将，最后顺利地拿到了这个职位。经过几年的努力，他坐到了这家加拿大电讯公司的业务经理的位置。

有时候，成功喜欢与人捉迷藏，你越是拼命地寻找，它就越不肯出现。成功不会因为你的急躁就加快步伐。这个时候，我们只有耐心地等待，才能给自己赢得更大的机会，给自己的努力一个交代。

在苦涩中，不卑不亢地成长

她是一个简朴的女人，经营着一家小小的茶舍。

之前，她和很多女人一样，向往美好的生活，向往婚姻和家庭的幸福。她拥有了这一切，可上天又和她开了很大的玩笑，让她失去了这一切。时间兜兜转转，在她四十多岁的时候，只剩下一个人孤独地生活。

她曾经多次感慨岁月的无情，抱怨上天的不公。但是，她也知道这并不能改变什么，只能让自己更可悲可怜。想明白之后，她来到这个陌生的城市，开了这家小小的茶舍。

和老顾客聊天的时候，她也曾谈起往事，说起自己曾经美好的生活，说起自己遇到的不幸和痛苦。她时常说："我们的生活就好像是品茶，开始的时候要尝尽苦涩的滋味，慢慢地，苦涩的茶才会散发出清香的味道。我们只有在苦涩中不断地打磨自己，不卑不亢地成长，才能迎来美好的生活。"

她懂得这个道理，所以她悠悠地品尝着这道苦茶，抛开过去所有的一切，而如今她的生活过得比任何人都悠然自得。

现在懂茶的人越来越少，而能够从中悟出道理的人则更少。经常喝茶的人都知道，小小的茶叶只有经过沸水的几番冲洗，在沸水里不断翻滚，隐藏在茶叶中的香气才会缓缓而发。就好像是我们自己必须经历了几番艰苦，几番波折，不断地打磨自己，才能真正提升自己，从而获得成功。

我们每个人都会经历痛苦，面对这些时，我们不应该选择退缩和逃避，而是应该通过自己的努力，来展示出自己的才华和价值；我们不应该惧怕苦涩，而是应该多期盼品尝苦涩之后的甘甜。只有如此，即便我们深陷痛苦之中，心灵依然是自由的；即便是拥有普通的能力，也努力散发耀眼的光芒。

或许有人说这个世界是不公平的，但事实上，这个世界是最公平的。虽然一些人经历了痛苦，但是他们却拥有一颗强大的心，在苦涩中不卑不亢地成长，从而拥有了别人无法企及的成功。

鲨鱼是一种古老的物种，可以说，它的历史可以与恐龙相媲美。它凶猛无比，行动迅速，捕食能力非常强，在海洋中几乎没有什么动物能够和它对抗。

可就是这样厉害的鲨鱼，却没有鱼鳔。要知道，没有鱼鳔的鱼在水里是没有办法生存的，因为只要它一停下来，就有可能丧生。所以，在浩瀚的海洋里生活着很多鱼，几乎所有的鱼都有鱼鳔。

鲨鱼没有鱼鳔，它们是怎么生存下来的呢？又是怎样成为海洋里的霸主的呢？

很简单，为了活下去，鲨鱼只能不停地游动。从早到晚，从春到秋，一时一刻也不敢懈怠和停歇。没有人能想象鲨鱼为了生存吃了多少苦，付出了多大的努力！

多少年过去了，鲨鱼不仅生存下来了，还拥有了强健的体魄，成为海洋中最凶猛的鱼。上天对鲨鱼是不公平的，它们从出生开始就必须不停地游动，永不停歇，直至死亡。可是如果不是经历了这样的苦难和打磨，恐怕也很难成就它们在海洋里的霸主地位吧！

我们可能是在海底自由自在游动的鱼儿，也可能是没有鱼鳔的鱼。一旦我们没有鱼鳔，那就应该淡定地面对。与其抱怨不公，与其埋怨苦涩，不如拼命地努力。不努力，不前进，怎么就能肯定自己成为不了一只厉害的鲨鱼？

正如一位哲人所说："种子不落在肥土而落在瓦砾中，有生命力的种子绝不会悲观和叹气，因为有了阻力才能磨炼。"虽然生活或许苦涩，虽然命运或许坎坷，但是在苦涩和坎坷中慢慢地成长，慢慢地磨炼、蜕变，终有一天我们将与众不同。

艰苦的考验，终会将福利兑现

天有不测风云、人有旦夕祸福。一位商人的生意失败了，因为一个错误的决定而欠下了一大笔债。房子抵押了，公司解散了，债权人纷纷围在大门口讨债。在巨大的压力下，他的神经已经到了崩溃的边缘，甚至萌生了轻生的念头。

可是想到自己的妻子和孩子，他立即把这个可怕的念头在脑海中清除了。他需要让自己重新站起来，于是便准备出去转转。他想到了大学时期的一个哥们儿，两人曾经是最要好的朋友，一起学习，一起打篮球，一起泡在网吧……只是随着自己的生意越来越大，工作越来越忙碌，与这个哥们儿逐渐失去了联系。从别人那里得知，这个哥们儿放弃了城市的工作，在一个很偏僻的地方开了一家小农场。

他辗转找到了哥们儿那个农场，当时正值盛夏时节，农村一片郁郁葱葱。哥们儿的小农场非常美丽，还种植了一大片西瓜。许久没见的两人，突然相见自然是亲热万分。哥们儿热情地摘了一个西瓜让他品尝，他感觉自己从来没有吃过这么甜的西瓜。

两人聊着过往，聊着现在。商人感慨地对哥们儿说：“你现在的生活真是令人羡慕啊！干干活、种种田，多轻松、多简单啊！”

哥们儿听了他的话，笑着说：“简单、轻松吗？四月播种，五月锄草，六月除虫，七月守护……辛辛苦苦一年，说不定还不能得到一个好的收获。有一年，就在收获前，一场冰雹来袭，大部分西瓜被砸碎了；还有一年，正当西瓜花大量盛开的时候，一场洪水让这一切都泡汤了……”

商人听完后，说道：“真是不容易啊！就像我一样，辛辛苦苦打拼这么多年……”想到自己的遭遇，他陷入了痛苦之中。

哥们儿则笑着说：“其实没有什么事情是容易的。不经过风吹日晒，西瓜的味道永远也无法变甜。生活也是如此，吃点苦、受点罪是再正常不过的事情，只有经历了苦难，人生才能更完整和美好。”

一番话让商人豁然开朗，紧锁的眉头舒展开来，苦闷的心情也转好了。是啊，苦是人生的一种自然姿态，经历了苦难之后，才能知道生活的甜；失败是成功道路上的必经之处，经历了失败之后，才知道成功的不易。

商人重整了心态，回到了城市。他把这次失败当成对自己的一场考验，他咬紧牙关，重新来过，最终再一次获得成功。

生活的苦难并非是所有人都能领略的，有的人习惯把苦难当作不幸，把失败当作厄运。于是他们四处诉苦，不断抱怨，甚至自暴自弃，最后生活越过越苦，人生越来越糟糕。

可是，人生中的苦难原本就是无法避免的。为什么我们不能学会用笑容来化解，用乐观去挑战呢？总是在伤痛中辗转，总在苦难中抱怨沉沦，而不是想着改变，想着勇敢，这样怎能经受住苦难的考验？

莎士比亚说：“聪明人永远不会坐在那里为他们的损失而哀叹，却用情感去寻找办法来弥补他们的损失。”当我们遭受苦难和挫折的时候，有两种心态可以选择，一种是用眼泪和抱怨来发泄内心的痛苦，然后越来越悲伤、沉沦；另外一种则是勇敢地站起来，让自己的内心变得更加坚强，微笑着迎接更美好的生活。当然，选择不一样的心态，迎接的结果也是截然相反的。

一座高大的石桥上，站着一个意志消沉的年轻人，他手里拿着一本诗集，诗集的名字是《命运扼住了我的喉咙》。他感觉老天太不公平了，生活太苦闷了，让他感觉不到生活的意义。于是，他来到这座桥上，准备结束自己的生命。

诗集的作者听说了这件事，立即来到这里，想要阻止这个年轻人做傻事。他慢慢地靠近，慢慢地靠近，可年轻人还是发现了他。年轻人情绪异常激动，一边做出欲跳的姿态一边大声地喊叫："不要过来！我不想活了！命运对我太不公平了！"

谁知诗人却冷静地说："我不是来劝你的，生命是你的，跳河也是你自己的事情，我没有资格和权利管。我只是来取回我那本诗集的。"

年轻人愣住了，没有想到面前的人竟然是自己最喜欢的诗人，更没有想到自己会在这种情况下与诗人相见。看到年轻人犹豫了，诗人接着说："你把那本诗集还给我吧！我要把它撕碎，不能再让它危害别人的思想了。或许，我可以把手中的诗集送给你。"说完，他举起了右手，把诗集递了过去。

年轻人犹豫了一会儿，看了看诗人，终于接过诗人手上的那本诗集。此时，他惊讶地发现，这本诗集和之前的那本竟然只有一字之差，内容却正好相反。这本诗集名叫《我扼住了命运的喉咙》。

诗人从年轻人手中接过那本诗集，立即把它撕得粉碎。之后，他对年轻人说："以前我身体健康，四肢健全，也曾经多次站在你那里，抱怨命运的不公。但是当我经历了车祸，变成了残疾人之后，我就再也没有站在那里。我不再抱怨命运，而是要努力扼制住命运的喉咙，掌握住自己的命运。”说完，他便离开了。

年轻人看着诗人的背影，陷入了沉思，许久之后，主动从大桥上走了下来。

是的，命运或许不公，我们或许会经历很多不顺和苦难。但是每个人都应该是自己命运的主人，勇敢地面对苦难，微笑着面对生活。当我们的内心慢慢地变得强大起来，便可以通过艰难的考验，扼住命运的喉咙。

勇敢和坚强不应该只是写在纸上的口号，而应该成为我们心里的标杆。既然苦难已经降临到我们身上，那么我们就把这份苦当作成功的垫脚石，如此才能够将生活的福利兑现。

要享受生活，也要承担痛苦

从过去到现在，NBA赛场上几乎是黑人的天下。从过去的迈克尔·乔丹，到现在的科比·布莱恩特，再到年轻的90后科怀·伦纳德，他们都是篮球场上的耀眼之星。

但是之前，在NBA打球的黑人都生活在社会的底层，有着一段异乎常人的艰难历史。NBA球星巴特勒就是如此，在很长的一段时间里，他经历着生活的痛苦，包括贫穷、犯罪。

在他小时候，单亲妈妈每天都要打两份工，来养活他和弟弟。贫穷的生活让他们受到别人的嘲笑和打击，让他们抬不起头来；十四岁时，他误入歧途，成为一个坏孩子，后来还因为在学校里持有可卡因和枪支而被捕。小小的年纪，他就面临着被关十四个月的刑罚。

这些都是可以挺过去的，最令巴特勒感到无助的是，当他想要改过自新的时候，没有人相信他，没有人愿意给他机会。

好在他遇到了这一生中最重要的贵人，这个人就是杰梅尔。杰梅尔在威斯康星州开办了一个拯救失足少年的活动中心，帮助巴特勒重新认识自己，改变自己。而且，他开始带着巴特勒接触篮球，使巴勒特的篮球天赋得到了展现的机会。在一次次比赛中，巴特勒的球技越来越精湛，并获得了“最有价值球员”称号。这样出色的表现让巴特勒吸引了很多大学的注意，但是很多学校却因为他不光彩的过去而拒绝了他。

尽管如此，巴特勒并没有放弃篮球，更没有放弃重新生活的机会。经过不断的努力，他获得了一位大学教练的认可和青睐。两年后，巴特勒进入了 NBA，成为一名出色的球员。

后来，杰梅尔坦诚地说：“巴特勒的改变不是一夜之间就可以完成的。他明白，要想走上正路，必须要有耐心。如果沉迷在街头胡混，或许做一些惊天动地的事情可以让你一夜成名，但同时也能让你一无所有。”

对于巴特勒来说，曾经的经历是不堪的、痛苦的，成为他生命里一道很深的伤痕。这些伤痕让他遭受了别人的嫌弃和白眼，但也是这些伤痕让他变得越来越成熟。在痛苦的折磨和刺激下，他决心改变自己，突破自己。也正因为如此，他获得了最后的成功，实现了自己的梦想。

每一次伤痛，都是一次经历；每一次痛苦，都是一次成熟。当痛苦、不幸和灾难向你逼近的时候，不要畏惧和退缩，更不能哭泣和惊慌失措，否则只能被它们打击得一败涂地。想要实现自己的价值，我们就要承认这份痛苦，让自己在痛苦中不断成长、成熟。

正如一位哲人所言：“一个人，要享受生活，也要承受痛苦，这才是完美和有价值的人生。”看看那些取得成就的人，哪一个不是承受了生命里的伤痕，哪一个不是经历了生活中的痛苦？

奥普拉出生在一个普通的小村镇，从小就没有一个温暖的家庭，也没有父母的关爱。因为她是一个私生女，父母从来没有结过婚，而且在她很小的时候就分手了。在和外婆生活的那几年，她每天都承受别人的嘲笑——那个时候私生女是非常受人歧视的。

六岁那年，奥普拉被母亲接到身边，但这也是她悲惨生活的开始。在她九岁那年，表兄残忍地强暴了她，这让小小的她开始堕落学坏。她做了很多坏事，还差点被送进少管所。

幸运的是，十四岁那年，父亲把她接到了身边。为了弥补对她的亏欠，父亲对她的教育非常上心，同时还给予了她更多的关怀和爱护。之后，奥普拉总算开始了新的生活，好好地学习，认真地做人。

十七岁时，她被评选为“田纳西州黑人小姐”，还通过努力进入了州立大学学习新闻。之后，经过了十几年的努力，她成为美国最出色的电视节目主持人，开创了脱口秀的先河——《奥普拉·温弗瑞秀》。

奥普拉从小就承受了常人无法想象的痛苦，使她幼小的心灵受到了巨大的伤害。虽然她也曾经犯错和颓废，但在父亲的帮助下，她迅速地成长起来，抛弃了过去，成为一个幸福又成功的人。

生活总是有不顺心的时候，会给我们留下大大小小的伤痛。但是伤痕也好，痛苦也罢，都是我们必须经历的。所以，记住那位哲人的话：要享受生活，也要承担伤痛。只有经历了这些痛与苦，战胜了这些伤痛，生命才更加有意义。

CHAPTER · 02
所谓苦难，只不过是弱者的万丈深渊

为脱离苦难而努力挣扎，是跳出深渊的唯一方法，而这件事最能造就人才。困厄与苦难只能阻挡懦夫的步伐，而对于自信者、勇敢者和坚韧者来说，困厄与苦难只会激发他们的反抗，燃起他们的生命之火。

你越喊痛，越会痛得死去活来

安哥拉沙漠深处干燥异常，狂风卷着黄沙在这片沙漠上肆虐。所有的植物都极度缺少水分，但是它们却拼命地把根往沙漠的深处扎，想要汲取更多的水分。

这里有一种植物名叫千岁兰，被称为沙漠中的活化石，是生存在沙漠中最神奇而又珍贵的植物。经历了干旱、沙石的不断磨损，千岁兰的枝叶前段已经失去了水分，慢慢地枯萎、死去，但末端却永远保持着新绿。

或许你会认为，千岁兰的叶子是不老的，殊不知是因为它具有顽强的修复能力和再生能力。即便前段的叶子已经死去，末端的部分也会及时地长出新叶，从而保持枝叶及整棵千岁兰的水分。

千岁兰的枝叶还有一个神奇的地方，它不仅可以及时地修复自己，在这个叶片里面还蕴藏着很多特殊的能够吸收水分的组织。这些组织可以吸收空气中稀少的水汽，转化为自身所需的水分。

正因为如此，千岁兰的寿命可达到五百年以上，而最长寿的千岁兰已经活了两千年。

人生亦是如此，难免遇到伤害、困难、挫折等，我们必须像千岁兰一样具有强大的修复能力，快速地调整自我，缓解这些伤害、困难所带来的压力，才能更好地生活下去。

然而，很多人恰好相反，他们经受了伤痛之后，不是快速地修复自己的伤口，而是不断地揭开伤口和回忆伤痛。结果，伤口揭开一次，伤痛就增加一次；伤痛回忆一次，痛苦就重来一次。以至于，他们始终活在过去伤痛的阴影之中，无法开始新的生活。可如果他们能够好好地包扎好自己的伤口，恐怕这伤口早就已经愈合了吧！

我们不知道这些人为什么要揭开自己的伤口，是为了博得别人的同情，是为了述说自己的痛苦？然而我们唯一知道的是，当你把伤口揭开给别人看的时候，除了让自己更加痛苦，其他什么意义也没有。

你越是喊痛，越会痛得死去活来。不快乐和痛苦终究都会过去，时间终究会为你抚平这伤和痛。更重要的是，有些事情，我们注定要经历；有些痛苦，我们注定要承受；而有些道理，我们也注定要懂得。所以，面对痛苦和不快乐，我们要学会包扎它，治愈它，努力让它成为源源不断的力量。

在美国有一处非常特殊的房子，它完全是用自然物质搭建而成的，里面不含任何被污染、有毒的物质。

这间房子可以说是完全封闭的，里面被灌注了纯净的氧气。一位名叫贝蒂的女士就生活在这个特殊的房子里。她每天吃的食物、喝的水，以及使用过的物品都是经过仔细的选择与处理的，不能含有任何化学成分。而她和外界联系的唯一工具就是传真。

为什么贝蒂要生活在这样的房子里？她究竟发生过什么事情？

二十年前的一天，贝蒂发现家里出现了蚜虫，于是她便拿起了杀虫剂准备灭虫。可是，就是这样一件最寻常、简单的事情，却给她的人生带来了巨大的不幸。她全身的免疫系统被杀虫剂内的化学物质破坏了，从此之后，她对所有有气味的东西过敏，包括香水、洗发水等，就连空气都可能导致她患上支气管炎。

患病之后，贝蒂睡觉时常流口水，尿液也渐渐变成了绿色，身上的汗水与其他排泄物会不断地刺激她的背部，形成一道道可怕的伤疤。刚开始，贝蒂和丈夫以为这是暂时症状，但这却是一种慢性病，根本无药可医。

为了能够让妻子活下去，贝蒂的丈夫想了很多办法，最后只能用天然无害的钢与玻璃，为她盖了这个封闭无毒的空间——一个远离外界污染的“世外桃源”。

就这样，贝蒂在这个房子里生活了八年，她再也没有看见一棵花草，再也没有听到过悠扬的声音，甚至没有机会接触阳光。她的世界是纯净的，没有任何污染，却也没有任何生气。贝蒂的内心感到万分痛苦，然而她却连哭的资格都没有——她的眼泪和她的汗水同样带有毒素，可能随时威胁到她的生命。

事已至此，伤痛只能毁灭自己。贝蒂开始尝试着走出悲痛，尝试着静下心来。她不禁想：既然自己无法走出这个世界，为什么不好好地研究它呢？或许自己可以为那些和自己有着同样遭遇的人做些什么。

于是，贝蒂开始研究自己这个无毒世界，十年后，她创立了“环境接触研究网”，主要从事化学物质过敏症病变的研究；之后她又创立了“化学伤害资讯网”，主要倡导人们避免化学物品的威胁。

贝蒂的病症是无法治愈的，她的伤痛也是常人无法感受的。开始她总是沉浸在自己的遭遇和不幸中，所以只能感到无望和痛苦。然而，当她开始走出伤痛，努力尝试新的改变之后，她获得了人生的精彩和内心的快乐。虽然她还是只能生活在那个封闭的世界里，但是她的内心却不再孤独，她的生活不再痛苦。

最愚蠢的做法就是沉浸在伤痛之中无法自拔。与其不断地喊痛，或是把伤口揭开给别人看，希望从他人身上寻求慰藉与支持，不如微笑地面对，努力去治愈自己，慢慢地修复伤痛，如此一来，我们才能更快康复和强大。

如一位作家所说："我坚信，人应该有力量，揪着自己的头发把自己从泥地里拔起来。"而我们要做的就是让自己从伤痛中振作起来，发现生活中美好的一面。

心若无力，生命便沉沦到底

苏格拉底年轻时非常落魄，生活贫穷窘迫。一开始，他和几个朋友住在一个破旧的小屋子里，屋子又小又黑暗，外面的环境也非常嘈杂。

朋友们时常抱怨，可苏格拉底并没有受到影响，他每天都是笑呵呵的，快乐地生活。有人对他这样的举动感到非常不解，问道："你生活在这样一个环境恶劣的小屋子里，为什么还这么高兴呢？"

苏格拉底笑着回答说："这间屋子虽然小，但是我却可以和志同道合的朋友在一起，每天学习讨论，这难道不值得高兴吗？"听了这样的话，那人只能苦笑着摇摇头。

过了一段时间，苏格拉底的朋友都陆续从那里搬走了，找到了更好的住所。那人觉得苏格拉底肯定会郁闷起来，却看见他还是每天都笑呵呵的，还时常哼着愉快的小曲。那人不解地问道："你的朋友们都已经搬走了，现在那小屋里只剩下你一个人，为什么你还这么高兴呢？"

苏格拉底依旧笑着回答说："没错，我的朋友们都搬走了。但是我还有很多很多书籍啊，它们就像是我的挚友，一辈子都不会离我而去。有了他们的陪伴，难道我有什么不高兴的吗？"

几年之后，苏格拉底也搬离了那个地方，住在一栋大楼的第一层。我们都知道，楼房的第一层通常是环境比较差的，时常有垃圾和乱七八糟的脏东西丢在那里。

苏格拉底依旧一副自得其乐的样子，丝毫没有什么不满和抱怨。周围的人好奇地问："你住这样的地方，有什么可开心的？"

苏格拉底说："这当然值得开心了，你不知道住一楼有多少好处？不用爬那么高的楼梯，搬东西比较方便，朋友来访也非常容易找……这好处实在是太多了。"

后来，苏格拉底和一位朋友交换了房子，因为朋友家有一个行动不便的老人，上下楼非常困难。苏格拉底搬到了楼房的最高层——第七层。周围的人都认为他肯定不会那么高兴了吧，可发现他依旧是开开心心、快快乐乐的。

一个好事者故意嘲讽地问道："苏格拉底先生，你现在住最高层，是不是觉得那里也有很多好处啊？"

苏格拉底高兴地回答："你还真说对了！住在七楼有很多好处，我每天上下楼几次，身体都锻炼好了；七楼光线非常好，我平时看书写文章很方便，根本不伤眼睛；而且顶楼没有人干扰，不管是夜晚还是白天都没有噪声……这好处还真多啊！"

苏格拉底真是非常睿智的，他的睿智之处就在于从来都不从坏的方面看问题，而是善于发现事情好的一面。不管是面对恶劣的环境还是朋友的离去，不管是面对一楼的嘈杂还是顶楼的不便，他都能找到好的一面，让自己的内心更快乐。

如果苏格拉底因为一点不利就怨天尤人，把问题往坏处想，否定自己的生活，那么他肯定不会如此快乐。

生活就是如此，当你觉得不错的时候，那么它就会变得越来越好，而你就会越来越快乐幸福。但是如果你觉得生活糟透了，那么它就真的糟透了，而且会变得越来越糟糕。这就告诉我们一个道理，看待问题不要太悲观，只看到消极和不好的那一面。

就像富兰克林所说的："生活中的事情，既非一切都是那么美好，也非一切都是那么糟糕，生活是由好与坏组成的混合体。"如果我们看到了阴雨密布，就开始抱怨和哀叹，那就会错失雨过天晴之后的彩虹；如果我们因为一时的失败和挫折，就开始自暴自弃，对自己的人生丧失信心，那就只能失去成功的机会。

事实上，别人觉得糟糕没有关系，只要我们自己还存有希望，能够往好的一面去想，那么一切就都有转机。可若是我们的内心消沉，生命便会沉沦到底。

一个贫穷的家庭，却要面临着供两个男孩上大学的问题。哥哥学习优秀，学习成绩名列前茅；弟弟也非常优秀，考上了一所不错的大学。

当所有人都为他们感到高兴的时候，他们却为了自己的学费而苦恼不已。不得已，弟弟只能放弃这唯一上大学的机会，毅然背起行囊离家出走了。

仅仅十八岁，没有手艺，没有学历，弟弟只能做最普通和辛苦的工作——在一家酒吧打杂。辛苦的工作让他几乎抬不起头来，但是他却欣慰地想：自己终于找到了工作，可以为家里缓解经济困难了。

弟弟平时喜欢唱歌，唱得也非常不错。在一个偶然的机会，酒吧老板发现了他的音乐天赋，让他尝试着唱一首。没想到，他的歌声受到了顾客们的欢迎，而他也从一个打杂小工变成了酒吧的驻唱歌手。

虽然这份工作时常受到别人的非议，弟弟却感谢老板给了他这样的机会。他时常说："如果没有它，我恐怕还做着打杂工呢！这最起码是我喜欢的事情，并且还能让我赚更多的钱。"

后来，他参加了一个歌手选秀节目，凭借出色的歌声获得了年度季军。一时间，他成为炙手可热的人物，受到了很多节目和电视台的邀请，当初心酸的过往也被人们挖掘出来。很多人问他，当初放弃上大学的机会，是不是会后悔。

他却坦然地说："没有上过大学，是我这一生最大的遗憾。可是如果没有这样的放弃，我恐怕也不会有今天的成绩。我只为现在的选择高兴，而不会想那些不好的事情，毕竟它已经过去了，不是吗？"

没错，我们应该往前看，往好处想，而不是总想那些不好的事情。弟弟失去了上学的机会，这是不幸的，但是他并没有把事情想得太糟糕。在这个过程中，他始终为生活而努力，为自己而打拼，并且以乐观的心态来追求新的生活。正因为如此，他才走出了困境，实现了自己的梦想。

我们本来所拥有的东西就不多，为什么不对自己好一些，一切向前看，向好的方面看呢？以最好的姿态生活，以最坚强的心态拼搏，才不会让自己沉沦，人生才能走向更美好的方向。

只因逃避，恐惧才戾气四溢

深山之处，丛林密布，峰峦叠嶂。一个小村庄就坐落在这深山之中，与世隔绝，犹如世外桃源一般。

这里的人世世代代都没有走出过大山，也没有外面的人进来过。可总是有一些年轻人，想要了解外面的世界，想要和祖辈过不一样的生活。每当有年轻人有这样的想法时，老人就说："我们这里只有一条小路能够走出去，而那里被一只凶残巨大的怪物占据着。谁靠近那怪物，就只有死路一条。"

久而久之，村里流传着一句告诫：不要靠近那怪物，否则你只有死路一条。就这样，所有的年轻人都恐惧不已，对那怪物望而却步。

保罗也向往外面的世界，想要走出这深山去看看。可当他还是一个很小的孩子时，祖母和母亲就不断地在他耳边重复着那句告诫："不要靠近那怪物，否则你只有死路一条。"

随着年龄的增长，保罗的身体越来越强壮，对外面世界的憧憬也越来越强烈。于是，他下定决心到外面看看，并且计划着如何打败那只庞大的怪物。他苦练箭法，成为村里技艺超群的人，就连经验最丰富的猎手都比不上他。

他准备出发的时候，遭到了全村所有人的反对，包括他的祖母和父母。“怪物是非常庞大的，你怎么能打败他！”“你会被怪物吃掉的，这太危险了！”“我们一直和它相安无事，你为什么要招惹他呢！”

尽管所有人都极力阻拦，但是保罗却没有退缩。这一天，天刚刚黑下来，他就悄悄地带着弓箭走出了村子。快到山口的时候，保罗感到非常紧张，心里开始有些害怕。

后来，他看见远处有一个巨大的影子在不停地晃动着，就好像是一头巨大的野兽正在张牙舞爪。保罗害怕极了，甚至后悔自己的逞强。不过他很快就冷静下来，心想既然自己已经来了，为什么不尝试和怪物搏一搏呢？他鼓起了勇气，朝着怪物走去。

第二天，当村民们都在担心保罗的时候，他安然无恙地回来了，还带回了那怪物的尸体。原来那所谓的怪物只不过是一只蜥蜴而已。

村里有人说，山口有凶猛庞大的怪物，所以人们都因为惧怕而不敢靠近。祖辈流传下“千万不要接近怪物，否则必死无疑”的告诫，所以人们从来没有尝试着走出深山。

其实，没有人看见过这怪物，也没有人尝试过打败这怪物，因为恐惧心理已经让他们失去了勇气。直到保罗克服了恐惧，勇敢地“打败”怪物，这才让人们看到了这所谓怪物的真相——只是一只蜥蜴而已。

可以说，把人们困在这深山的并不是怪物本身，而是人们的恐惧心理。恐惧是一种情绪，每个人都有，但是恐惧也不仅仅是一种情绪。如果人们无法克服这种情绪，那么就会把这样的情绪转化为严重的心理阴影，促使自己惧怕一切，逃避一切，以至于没有勇气做任何事情。

恐惧心理是最可怕的，它会吞噬你的勇气，随时会打击你、恐吓你，让你无所遁形。可是恐惧心理也并没有那么可怕，只要你无视它，勇敢地面对它。那么，它终究会被克服和压制。

生活中，每个人都有惧怕的事情，有人惧怕危险，有人恐高，有人晕血，还有人有幽闭恐惧症、社交恐惧症……然而，我们要知道的是，对于某种事物的惧怕心理往往比事物本身更可怕。只因为我们逃避，恐惧才戾气四溢；只因为我们退缩，这个阴影才会始终跟随着我们，变成一个无法逃脱的噩梦。

这就好比对于危险的惧怕远远要比危险本身更可怕，更能摧毁一个人的意志一样。面对恐惧，我们唯一要做的就是努力战胜它。战胜了它，就意味着战胜了自己。

很多从来没有穿过滑雪板的人，总是带有恐惧心理，不敢进行尝试。他们不停地在自己的脑海里，想象着各种可怕的画面：因为速度过快而直接冲了下去，因为无法控制身体而狠狠地摔了一跤。结果，他们的内心自然而然地形成了对滑雪的恐惧，甚至一想到滑雪就开始双腿打战。

然而，一位资深滑雪教练却轻松地帮助很多人克服了这种恐惧。他的方法很简单，就是亲自去实践他们脑海中的恐惧场景，并且要求这些人在一旁观看。如果有人害怕速度太快而无法停止，那么他就现场演示什么情况下是没办法停止的，如何做才能让自己停下来。这样一来，很多人就会明白，其实这些危险并没有什么大不了，那些所谓的恐惧只是他们自己想象出来的。

很多时候，人们之所以恐惧，是因为自身非常弱小。因为弱小，所以我们惧怕未知的事物；因为弱小，所以我们感到不安。这个时候，我们通常会用逃避的方式来让自己远离惧怕的事物。然而，逃避并不能解决问题，更不能消除我们内心的恐惧，反而让我们被恐惧完全侵蚀。

人生的道路上，若是你连战胜自己的勇气都没有，那么就不要说成功了。我们应该正视自己，直面恐惧，如此才能战胜恐惧，并且赢得最后的成功。

永远害怕压力，就永远卑微低迷

很多时候，各种压力会压得我们喘不过气来，让我们痛苦不堪。可是我们对此却无可奈何，不知道如何从这份痛苦之中解脱出来。

她刚刚 25 岁，曾经是父母捧在手心的小公主。现在，她和恋爱多年的男友步入了婚姻的殿堂，有了自己的小宝宝。生活原本应该美好而又幸福，她却感到疲惫不堪。

一方面她需要不断提升自己，力求在工作上表现得尽善尽美，以免被其他对手 PK 下去；一方面她要照顾不满一岁的宝宝，喂奶、早教、健康等，这些问题都需要她这个做妈妈的操心；同时，为了照顾宝宝，丈夫把外地的婆婆请来了。可是两个不熟悉的人生活在一起，难免有磕磕碰碰，再加上育儿观念上的差异，婆媳关系并不是那么和谐。

她感觉自己的压力变得空前的大，甚至有些难以承受了。为了缓解压力，她每次回娘家时，都会和妈妈诉苦，希望早一点从这个苦日子里解脱出来。

一个周末，她又来到娘家，和妈妈说起了自己的苦恼。恰巧，父亲正好在家，听了她的话，父亲什么也没有说，而是带着她径直来到厨房。父亲从橱柜里拿出了三口锅，分别放上胡萝卜、鸡蛋和咖啡豆，加了半锅水之后就开始煮了起来。

她不明白父亲在做什么，更不知道父亲葫芦里卖的什么药，所以只能静静地看着。水开之后，父亲对她说："你看看这三种食物，有没有什么不同？"

她看了看，发现胡萝卜已经被煮得稀烂，鸡蛋已经煮熟了，咖啡豆也已经散发出浓郁的香味。她迷惑地看着父亲，问道："您究竟是什么意思？要我看什么？"

只听父亲解释道："同样的时间，同样温度的水，但是对这三种食物来说，却得到了不同的结果。胡萝卜本来非常坚硬，经过了水煮之后，变得又软又烂了；鸡蛋的内部本来是液体，经过了水煮之后，变得有了韧性；咖啡豆就更与众不同了，经过了水煮之后，它不仅没有改变自己的味道，反而变得更加醇香了，更为重要的是，它不仅没有因为水而改变，反而还改变了水。这是因为它把水的压力变成了动力。"

父亲的话让她陷入了沉思。是啊，生活本就充满了各种压力，我们每个人都需要面对它。但是面对压力时，是像胡萝卜一样变得稀烂，还是像咖啡豆一样变得更加醇香，就看我们的态度了。如果我们能够像咖啡豆一样，把压力转化为动力，或许周围的一切也就随着我们的改变而改变了。

英国著名心理学家罗伯尔曾经说过："压力犹如一把尖刀。它可以为我们所用，也可以把我们割伤。那要看你握住的是刀刃还是刀柄。"

事实上，让我们喘不过气来的，并不是压力本身，而是我们自己的思想。就像握住了刀刃一样，如果我们关注于痛苦，那么我们的双手就会不自觉地握紧，从而让自己越来越痛苦；如果我们能够冷静下来，了解压力的本来面目，尝试着放松自己的双手，那么就能找到解决问题的办法，找到将它转换为动力的办法。

压力是不可避免的，是无处不在的，如升学的压力、工作的压力、育儿的压力、家庭的压力、爱情的压力……抱怨也好，堕落也罢，这些都只是毫无意义的举动，没有任何实在的意义。

那么，我们为什么不学一学咖啡的精神呢。让自己冷静地对待这份压力，在压力中历练自己？我们为什么不想办法利用压力，把压力转化为动力？只要我们把它看成动力，那么它就可以促使我们成功，促使我们变得成熟而有魅力。

一艘轮船遭遇了巨大风暴，面临着倾覆的危险。在大家都惊慌失措的时候，老船长果断下令：“打开所有货舱，立刻往里面灌水。”这是因为他知道，空船是最危险的，给船加水，让船负重才是最安全的。果然，轮船的货舱里灌满了水之后，货轮变得越来越平稳，并且成功地抵御了风暴的袭击。

让船负重前行才能保证它的安全。人生又何尝不是呢？带着一定的压力上路，才能迈出沉稳的脚步；带着一定的压力拼搏，才能成就更好的成功。而一个人想要有所作为，就必须面对一些常人所不能承受的压力。

车尔尼雪夫斯基就是这样告诉我们的：“人最宝贵的东西是什么？是生活压力。大大小小的压力，是成功最好的动力。”所以，我们也要告诉所有人：生活中承受一些压力，不是什么大不了的事情。不惧怕压力，不被生活的压力所压倒，并且迫使自己不断前进，我们才能完成从平庸到卓越的跨越！

脱胎换骨的桎梏，是对自己的怀疑

很多人生活在不自信之中，总是觉得自己又笨又傻，什么事情也做不好。一个年轻人就陷入了这样的困惑之中，所以不管做什么事情，都是畏首畏尾的，结果把所有的事情都做砸了。

他并不想继续这样下去，便找一位禅师请教。禅师什么话也没说，只是交给他一块石头，让他第二天到集市上卖掉。

年轻人不明就里，但还是按照禅师说的去做了。临走时，他问禅师："您还有什么要交代的吗？"

禅师对他说："你要记住一点，我只是让你尝试着卖掉它，而不是真的卖掉它。你可以多问问一些人，然后告诉我别人给你多少钱。"

到了集市上，他鼓起勇气问了很多人，人们看着石头非常漂亮，便说"这可以买回家给孩子玩儿""可以放在花盆里做摆设"。可等到出价的时候，人们只肯出几个小硬币。

年轻人回来了，对禅师说："禅师，这块石头不值钱，只值几个小硬币。"

禅师听完之后，笑着说："没有关系，你明天带它再去一趟黄金市场，看看那里的人肯出多少钱。同时要记住，不管他们出多少钱，你都不能卖掉它。”

第二天，年轻人很快就回来了。他兴奋地说：“太不可思议了！禅师，这块石头竟然可以卖到 2000 元钱！”

第三天，年轻人又去了珠宝市场问价，结果有人竟然出价 6 万元来买这块石头。年轻人记住了禅师的嘱咐，说什么也不肯卖它。这时，市场上的人竟然开始一再提价，有人出 10 万元，有人出 15 万元、20 万元、25 万元……

见他始终不肯卖，一个商人高声地说道：“我出 40 万元的价格，你到底卖不卖？或者你出个价，只要你肯说，我就愿意买！”

无奈之下，年轻人只能“逃了回来”。看到禅师，他说道：“那些人似乎疯了，他们竟然出那么高的价格来买这块普通的石头。这真是太不可思议了！”

禅师拿着石头，然后看着这个年轻人许久，意味深长地说：“一块石头的价格是多少，关键在于你怎么定位他。我们自己也是如此，你把自己定位成什么，那么结果就会成为什么。如果你自己都不相信自己，那你就像这块石头一样，只能卖出集市上的价格。”

自信是照亮一个人前行的火把。如果一个人自己都不相信自己，又怎么能不断前行呢？他人又怎么能认识到你真正的价值？一块石头，在集市上它只值几个硬币，可是当它来到珠宝市场，就值几十万元甚至是更多。

我们也是如此。如果我们认为自己只是一块普通的石头，在集市上等待，那永远也卖不上好价钱；但是如果我们相信自己是一块宝石，跻身到珠宝市场，即便我们不是真的宝石，经过一番磨炼后也会变得更有价值。

可以说，人生成败往往来自自己的评价。我们认为自己是强大的巨人，那么就真的能变得坚不可摧；可我们若是认为自己很弱小，那么就真的弱不禁风。

爱默生曾经说过：“自信是成功的又一秘诀。我不敢说凡是具有自信心的人都能够成才，但我相信一个成才的人一定具有百战不殆的自信心。”但凡取得成功的人，必然是拥有自信的人。而一个人的自信越强烈，他的成就也就越大。

不管什么时候，不管处于什么境遇，我们都要相信自己，摆脱自己怀疑的桎梏。有了强大的内心和无畏的精神，我们的双手便可以创造广阔的天地，取得最后的成功并超越自己。

只有反抗，才能扭转乾坤

美丽的山村住着枭和鸠，一天，枭说要搬离这个地方，寻找新的住所。

鸠不明白枭为什么要离开这个美丽的地方，说："你要去哪里？"

枭显得很失落，说："我要向东迁徙，寻找适合我的家园。"

鸠惊讶地说："为什么？这里不美吗？"

枭说："这里很美，我也很喜欢这里。然而，这里的人都讨厌我的叫声，我又怎么能留下来呢？"

鸠不明白地说："你不能改变你的叫声吗？如果可以的话，为什么不改变？你因为村里的人不喜欢自己的叫声，宁愿选择向东迁徙，也不愿意改变自己。那你就能肯定东边的人就不会厌恶你的声音吗？到那个时候，你又将怎样？难道还继续迁徙吗？"

人们都讨厌枭的叫声，这确实让它非常苦恼，所以它选择了远离这个地方，选择了向东迁移。可事实上，这样的行为就是逃避，不能解决任何问题。如果它不能改变自己的叫声，那么不管迁徙到哪里，也无法摆脱人们讨厌它叫声这个事实。它始终会陷入这样的困境之中。

在人生的道路上，每个人都会遇到这样或那样的困境。这个时候，如果像枭一样逃避问题，终有一天会让自己走到无路可逃的境地。与其逃避和抱怨不休，还不如努力想想怎样才能改变现状。只有改变、反抗，才是扭转乾坤的最好办法。

而这正是弱者和强者的区别，弱者限于困境时，觉得周围的一切都在与自己为敌，觉得自己只能这样了；强者就截然相反了，他们敢于反抗，敢于改变和超越自己，最后不仅摆脱了困境，还获得了成功。

哈佛大学的学生都牢牢地记住了这样一个定理——“跨栏定理”。这个定理是由一位著名的外科医生提出来的，简单来说就是，你面前的栏杆越高，你跳得也就越高。也就是说，一个人的成就往往是由它所克服的困难所决定的。如果我们想要成为强者，就应该勇敢地面对问题，积极地改变自己。

福勒是贫穷的，当其他人正享受美好的生活时，他只能和妈妈承受贫穷的折磨。

可是，福勒也是幸运的，因为他有一个伟大的妈妈。当他还是一个孩子的时候，他的妈妈就对他说：“福勒，我们不应该贫穷。在你的嘴里，不应该说出‘我们的贫穷是上帝的意愿’这样的话。没错，我们是贫穷，但是这并不是上帝的过错。我们贫穷是因为你的父亲从来就没有产生过致富的愿望，并且没有为此努力过。一个人如果没有产生过出人头地的想法，却抱怨贫穷的生活，抱怨上帝的不公，又怎么能摆脱贫穷的生活呢？”

妈妈的一席话让福勒受益匪浅，甚至改变了他的一生。从此之后，他决定努力改变贫穷的现状，让自己和家庭变得富裕起来。

妈妈告诉他，贫穷并不是因为上帝没有眷顾他们，而是因为父亲没有改变的想法，没有致富的愿望。所以，他不再抱怨上帝，不再甘于贫穷的生活，而是把致富作为自己的理想。为了这个理想，他开始拼命地努力和追逐。虽然在这条追梦之路上，他历经了无数的艰辛和坎坷，却始终坚守着这个坚定的信念。

开始的时候，他只是一家零售百货店的小伙计，做着别人都不愿意做的工作，包括打杂、守店。后来，他成为一名推销员，为了卖出更多的商品、赚更多的钱，他每天都辛苦地工作，还利用空闲时间进行市场调查，看看客户喜欢买什么产品，哪些商品最畅销……

慢慢地，他积累了很多销售经验，也结识了很多顾客。于是，他开始决定自己创业，代理和推销某一品牌的肥皂。

在那个时期，推销员的工作并不好做，如果你不能受到客户的欢迎和信任，那么连一件产品也卖不出去。富勒每天都拿着肥皂挨家挨户地进行推销，不知道吃了多少"闭门羹"，也不知道受到了多少谩骂和讽刺。可他没有丝毫退缩和逃避，更没有抱怨，只是解决了一个又一个问题，说服了一个又一个客户。

就这样，转眼间十几年过去了，富勒的客户越来越多，他的生意也越来越好。但是他并没有忘记妈妈的话，也没有忘记自己的梦想，他想要获得更大的成功，想要成就不一样的人生。

机遇真的说来就来。一天，他听到一个消息，说一家供应肥皂的公司想要出售。他兴奋不已，认为这是实现自己梦想的大好机会。可兴奋之后，他不得不面临一个问题：对方的报价是十五万美元，而他全部的积蓄只有两万五千美元。

资金不够怎么办？难道就放弃这个大好机会吗？

不，他不允许自己这样做。他思考了一阵，对自己说："我做了这么多年推销员，也认识了很多客户和朋友，或许有人愿意借我一些钱。"想到此，他开始积极行动起来，亲自上门向一些客户借款，并且寻求朋友们的帮助。功夫不负有心人。几天的时间里，他就筹集到了十万美元。

还差两万五千美元，究竟应该怎么办？富勒心急如焚，实在想不出什么办法了。

这天夜里，星空中繁星密布。他望着窗外的夜景，陷入了沉思之中。看着看着，他突然发现夜空中有一束光显得异常耀眼——那道光是对面一幢大楼的一间办公室发出的。他想这个办公室内肯定还有人正在办公，既然自己已经走投无路了，为什么不勇敢地尝试一下，找人借这笔钱呢？

他没有丝毫的犹豫，立即起身去拜访那个“有钱人”。到了之后，他发现这是一家承包商事务所，里面的人正辛苦地加着班，显得有些疲惫不堪。

富勒向对方打了招呼，然后直截了当地问道：“你想赚一千美元吗？”令人没有想到的是，当他说明来意之后，那人竟然痛快地答应了他的请求。福勒终于如愿以偿地收购了那家肥皂公司，在他的经营下，公司很快得到发展壮大。

之后，福勒的生意越做越大，一鼓作气地收购了七家公司，包括四个化妆品公司、一个袜子公司、一个标签公司和一个报社。他的生活也越来越富裕，终于实现了自己的致富梦想。

很多人都遭受着贫穷，但这贫穷并不是上帝造成的；很多人都经历了困境，但这困境并不是永远的。一个人不能走出贫穷和困境，是因为他从来没有产生过那样的愿望，是因为他从来没有做出过努力和改变。

每一位强者都有着常人难以达到的坚强和勇敢，不管面前是怎样的困难，他们都会积极地解决问题，努力地拼搏。而事实上，没有什么困境比你不拼搏、不反抗更差的了。所以，在遇到困境时，我们要勇敢地面对，积极地改变自己，并踩着失败的肩膀，在困难中前进。

若是每个人都抱着这样的想法，那么每个人都能成为一个强者！

调整心态，你的未来不会太坏

世界上有两种极端的人，一种就是艾什莉这样的人，她做什么事情都积极主动，运气也好得让人嫉妒。她就是世界上最幸运的女孩，就像是上帝的宠儿一般。

从高中开始，好运就时时伴随着她，随便买一张彩票，就能中特等奖；在最难打车的纽约街头，她一招手就有好几辆出租车同时到达；大学刚刚毕业，她就进入了一家著名公司，并且成为项目经理。

最幸运的是，她获得了一个极好的机会，为唱片巨头戴蒙·菲利普斯举办高级化装舞会。这次机会足可以让她的事业走向巅峰，成为业内最出类拔萃的人才。

而另一个极端就是一位名叫杰克的年轻人。他是一名清洁工，做着最普通的工作，对待什么事情都没有热情和积极性，感觉做什么都没有意思。

他认为自己是世界上最倒霉的人，而事实也确实如此。他年轻帅气，可只能在保龄球馆打扫厕所，每天还遇到很多奇葩的客人；只要有他出现的地方，天空必然是乌云密布，随时都是倾盆大雨；新买的裤子，他刚刚穿上就开线了……

最令人感到郁闷的是，他时常不得不出现在医院、警察局、中毒急救中心等地方，成为那里的“常客”。

奇妙的是，这个世界上两个极端的人竟然在化装舞会上遇见了，两人还产生了一段爱情。

这是美国电影《倒霉爱神》的情节，而艾什莉和杰克则分别是电影的女主人公和男主人公。这部电影充满了戏剧性，也充满了虚构的情节。我们抛开这些不管，仅仅从两个人的生活状态来入手，不得不思考这样一个问题：

同样是生活在一个城市的年轻人，两人为什么会有如此大的差异？一个是最幸运的人，而一个却是最倒霉的人？艾什莉非常乐观、向上，所以她的感觉越来越好。反过来看看杰克，他总认为自己是最倒霉的人，生活态度也非常消极。于是，正如他所想的那样，所有倒霉的事情都找上他了，而且想躲也躲不掉！

这让我们明白了一个道理：我们的心态决定了我们的生活状态，也决定了我们的人生形态。若是我们的生命只有半杯水，不要悲观地对自己说：“完蛋了，我命中注定只有半杯水。我的命运真是太悲惨了！”诅咒这个世界，自悲自怜，只能让我们陷入消极的情绪之中，让之后的人生都凄凄惨惨。

我们要积极主动地调节自己的心态，微笑着告诉自己：“真是太幸运了，我并非一无所有，我还有半杯水！而且如果我愿意，我还可以把这半杯水做成喜欢的口味！”乐观的想法会让我们珍惜生命的一切，让我们变得更加积极向上，而之后或许我们的未来将变得不算太坏。

面对生活，不同的心态决定了不同的结果。积极的心态，让我们越来越乐观，对生活充满了热情和信心，生活自然就变得越来越美好；而消极的心态，则让我们越来越悲观，对生活失去了希望和热情，于是生活也就变得越来越糟糕。

面对成功，不同的心态也决定了不同的结果。积极的心态可以带来积极的行为，可以带来源源不断的动力和力量，我们自然距离成功越来越近；而消极的心态则带来了消极情绪和行为，让我们惧怕困难和危险，只能一步步走向失败。

幸运与不幸、成功与失败仅在一念之间，这就是心态的作用。明白了这些，我们就应该善于调整自己的心态。正如心理学家威廉·詹姆斯曾说过的："我们的时代成就了一个最伟大的发现——人类可以借着改变自己的态度，改变自己的人生！"

美国加州有一位农民，他用积攒了很久的钱买下了一片农场。可是他搬到那里之后，才发现自己被骗了。那片所谓的农场根本什么也种不了，什么也养不了，还到处都是有剧毒的响尾蛇。

一生的积蓄就这样被骗了，农民很沮丧，很痛苦。看着这片土地，他突然萌生了一个念头：既然这里盛产响尾蛇，那我为什么不好好地利用它呢？于是，他开始发展响尾蛇产业，把蛇肉做成了罐头，把蛇皮卖给了皮具公司，把蛇毒卖给了药厂……

之后，这片农场给农民带来了丰厚的收益，后来，他还把响尾蛇农场发展成了旅游胜地，吸引了无数外地游客前来参观。

对于任何人来说，买下一块不能够种植和养殖的农场，是一件非常倒霉的事情。但是，这位农民却积极地调整了自己的心态，开始把响尾蛇当成最有利的资源。正是因为有了这样的态度，他收获了无穷的财富。

的确，事情本就没有好坏之分，关键在你怎样想；人与人也并无太大的区别，最大的区别就是你的心态。心态的不同决定了结果的不同，而这结果也是天壤之别。

与其在抱怨中让自己的生活变得越来越糟糕，不如改变自己的心态，做一个积极乐观的人。这样我们之后的道路才会越走越宽，未来才会越来越好。

CHAPTER・03
人生再苦，也要给灵魂一个出口

人，只要活着，烦恼就会不请自来。痛苦或是快乐，由你的内心裁决。人不是战胜痛苦的主宰，便是被痛苦奴役的奴隶。再苦的日子，笑着也是过，哭着也是过。再不顺遂的境遇，微笑着撑过去了，就是另一番天地。

幸与不幸，选择权在你手里

日落时分，炊烟袅袅，鸟儿回巢。牧人准备赶着牛群回家，却发现丢失了一头牛。这牛可是牧人的命啊，他焦急地四处寻找，直到天黑也没有找到。

牧人知道这牛肯定是被可恶的偷牛贼偷走了，他激动地跪下来，向神明祷告："神啊，我愿意奉献一只羊，只要让我找到那个偷牛贼。"

牧人祷告之后，便开始继续寻找那丢失的牛。刚刚走到一个山岗上，就看见那头牛正躺在不远处的草地上，一只凶猛的老虎正在撕扯着它。牧人吓得心惊胆战，立即跪下来向神明祷告："神啊，刚刚我说如果让我找到偷牛贼，我愿意奉献一只羊。现在，我已经找到了那可恶的偷牛贼了，也愿意履行我的承诺。但是，如果您能够让我从老虎的嘴下逃生，那我愿意再献出一头牛。"

从表面上来看，牧人失去了两头牛和一只羊，这应该是很不幸的事情。但是换个角度来看，这似乎并没有不好的，至少他知道了谁是偷牛贼，还从老虎嘴里安全逃脱。

当然了，这全在于他的选择。面对丢失的牛，他选择用一只羊来交换；而面对老虎，他则选择用两只牛和一只羊来交换。因为与生命相比，多少牛和羊都是微不足道的。选择正确了，他就可以获得更多；而选择错了，他将面临生命的危险。

很多时候，结果怎样就在于我们的选择。人生也是如此。我们需要面临很多选择，而有时我们只能做一个选择，选其中一条路。不管自己做了怎样的选择，都没有从头再来的机会。

既然如此，我们就应该学会坦然，哼着歌跨过坎坷和泥泞。到最后，就会发现即便很多选择错了，却经历了别人没有经历的。不管是失败还是成功，都不失为一种幸福。

然而，并不是所有人都能想得开，他们总是不愿意放弃所有东西，总是在左和右之间纠缠，甚至想要把所有的选项都进行对比，然后选择最好的那一个。可世上怎么能有这么好的事情？这样的人，结果往往不能获得最好的，甚至还会失去所有。

职场的选择是最难的，因为人人都想要谋求更高的职位。一位女士来到一家著名企业应聘，她曾经是某家公司的部门经理，这一次的目的是想要谋求更好的发展机会。

进入公司后，她被前台人员领到一间办公室。然后前台人员告诉她：“现在，请您进入这间办公室。这里面有很多道门，每道门上都写着您想应聘的职位，房间里还有这个职位所需要的资料。之后，您可以随意选择，但是当您离开之后，这道门就会自动锁上。也就是说，每道门您只有一次选择机会，只能够前进，不能后退。现在请您开始选择吧，祝您好运！”

听完介绍，她径直走进这间办公室，看到房间里果真有两道门，第一道门挂着一个牌子，上面写着“前台”，而另一道门上写着“助理”。她毫不犹豫地选择了后者，进入了下一个房间。

紧接着，在这个房间内，她又看见两道门，一个写着“销售助理”，一个写着“经理助理”。在这两者职位之间，显然是后者更有发展空间，而且和领导接触的机会更多，所以她选择了后者。

进入这个房间后，她翻阅了一下桌上的资料，发现以自己的能力完全可以胜任这个职位。但是她觉得自己应该有更好的发展，如果只是满足于现状，那自己为什么要跳槽呢？于是，她来到了下两道门前，看到上面分别写着“市场部主任”和“行政主管”。

她立即放下手里的资料，走进了那道贴着“行政主管”的门。可进门的那一刻，她就愣住了，因为她看见那两道门上一个写着“文员”，一个写着“客服”。为什么职位变低了？这是怎么回事？难道自己走错了门？

她很后悔没有选择那个“经理助理”的职位，即便是“行政主管”也比这两个职位好啊！可是，既然选择了，就没有回头的余地了。她只能硬着头皮选择了写着“文员”的那道门。

进入房间后，她惊喜地发现这里竟然有三道门，一个写着“财务部总监”，另一个写着“生产部总监”，还有一个是“人力资源部总监”。这三个职务可比之前的高多了，于是她兴奋地选择了“人力资源部总监”。

进入这个房间，她仔细地翻阅桌上的资料，觉得自己如果加把劲儿的话，也许能够胜任这个职位。她想拿着资料出去，却又看见了一道贴着“总经理”的门。这道门充满了诱惑，让她忍不住推开了。没有想到，这一次她竟然站在了大街上。

她立即想要退回原来的房间，但是那道门已经自动关闭了。只见门上写着这样一行小字：“我们公司可以提供很多职位，但唯一不缺的就是总经理。”她十分后悔，后悔自己不应该不满足。可后悔又有什么用呢？

人生的道路很漫长，要经历很多个岔路口，每个岔路口都会有两条或两条以上的道路，供我们选择。选择哪一条路，决定权在我们自己的手上。可其中最好走的，不一定能够通往成功；最好的，也不一定是最适合我们的。

故事中的这位女士，真的有做“人力资源总监”“总经理”的能力吗？即便她选择了，又能应聘成功吗？即便应聘成功了，又能做得出色吗？说到底，就是因为她有太大的野心和太多的欲望，所以才做出了不合适的选择，让自己失去了大好的机会。

做一个“经理助理”“市场部主任”不好吗？如果这些选择能够发挥她的能力，那么同样可以获得更好的发展。

泰戈尔说过：“当鸟翼系上了黄金时，它就飞不远了。”其实，幸福非常简单，我们不要给它赋予太多的符号和压力，做好了人生的选择题，学会了选择和取舍，选择适合自己的，那么我们就可以获得真正的幸福。

想不开就不想，得不到就不要

梦想的力量是强大的，可以让人朝着一个目标坚持下去。他从小的梦想就是成为一名作家，让自己的文字变成人们喜爱阅读的书籍。

为了实现自己的梦想，他读了很多书，写了很多文章。他每天都坚持写作，从中学到大学，从大学到毕业，再到工作……每次写作的时候，他都憧憬着读者捧着自己文章阅读的情景。

但是，他追求梦想的过程并不顺利，所有寄给报社、出版社的文章都被原封打回。这没有让他放弃自己的梦想，他始终坚信梦想是需要坚持的，成功也是需要付出努力的。轻易地放弃怎么能实现自己的目标呢？

直到有一天，他收到了一封来自某杂志社总编的来信。这又是一封退稿信，虽然他已经收到了很多很多，但是这一次他依旧非常失落。

信中写道："虽然你很努力，但我不得不遗憾地告诉你，我们不能采纳你的稿件。你的知识有欠缺，而且生活经历也不够丰富精彩……但我从你多年的来稿中发现，你的钢笔字越来越出色……"

什么最难？放手是最难的，尤其是放手自己最喜欢的东西则更是难上加难。让年轻人放弃最喜欢的写作，放弃当初的梦想，可以说是最痛苦的事情。可是他也明白，不放弃又能怎样？不放弃就能成功吗？不，这只不过是浪费时间和精力。既然自己没有这个能力和天赋，为什么要苦苦追求无法得到的东西呢？既然总编说自己的钢笔字越来越出色，为什么我不朝着这个方向发展呢？

想到此，他决定改变自己的努力方向，开始苦练书法，多年后他终于成功了，成为一名出色的硬笔书法家。这时，他对于成功也有了自己的理解，他时常说："一个人能否成功，理想很重要，勇气很重要，毅力也很重要。但更重要的是，人生路上要学会选择，更要懂得放弃。"

没错，不是每一次努力都能换来成功，不是每一次坚持都能得到预期的效果。如果你努力和坚持的方向是错误的，那么只能让自己朝着相反的方向越走越远。这位年轻人梦想着成为作家，并在作家梦的路上苦苦追求。然而，因为能力和天赋的限制，他始终没有实现自己的梦想，迟迟品尝不到胜利的滋味。

当他收到杂志社总编的信件时，他突然想明白了，果断地放弃了错误的坚持，开始寻找新的方向。而正是因为他的放手，才让他赢得了最后的成功。

诚然，梦想很可贵，但是不管你怎么努力梦想也不能实现的时候，那么就应该有放手的智慧。因为再坚持下去，也没有什么意义。通往成功的道路有很多条，我们又何必要走一条无路可走的死胡同呢？

事实上，人们最大的愚笨就是总追求那些得不到的欲望，把得到看成理所当然。因此，很多人不舍得放弃，不懂得变通，总是追求那些得不到的东西，如一个不爱自己的人、一个无法实现的梦想、一件力不从心的事情，甚至是一件不适合自己的衣服……

然而，我们必须明白，面对得不到的欲望，果断放手才是最好的选择。越是紧紧地握紧双手，最后可能什么也得不到。正如美国文学大师斯宾塞·约翰逊曾经说过的那句话："越早放弃旧的奶酪，你就会越早发现新的奶酪。"

如果你还不能明白这个道理，那不妨看看一则故事：

广袤的太平洋，海水蔚蓝，海鸥在海天之间快乐地飞舞着。这里的珊瑚礁美丽无比，吸引了无数游人前来观看，可海底的礁石也让水手们心生余悸。每次经过这里，水手们都要小心翼翼，才能成功地躲过这些礁石。

一天，一只货船经过这里，海面上风平浪静，天空中朵朵白云。甲板上的水手们欣赏着美丽的风景，船长则老练地指挥着舵手，巧妙地避开水下的礁石。船长还愉快地和水手们说笑着，说晚上可以到前面的无人岛上过夜，来一次别有风味的篝火晚会。

可美好的时光并没有持续多久，突然一道巨浪腾空而起，直奔毫无戒备的货船而来。船长惊魂初定，立即指挥舵手调整方向，并且让水手们将大部分物资扔到大海里。

水手们惊讶地高呼："扔掉食物，我们吃什么？""这货物被扔掉了，我们岂不是赔掉很多？""为什么要扔掉这些？"

船长根本没有时间和水手们解释，用严肃的口吻命令道："如果你们想要活命的话，立即执行命令！扔掉，扔掉！"

很快，船上大部分物资都被扔出去了，货船的重量轻了很多。但是巨浪越来越逼近，一道高达二十米的海浪把货船高高抬起，然后重重地抛到一块巨大的礁石上。货船立即被摔断了，中间几乎被断成了两截。

船长立即命令水手们："弃船，跳水！"

这是一艘纵横万里的货船，载着水手们经历了无数风浪。水手们不舍得丢弃它："海浪一会儿就过去了！我们为什么要弃船！""我们不能抛弃它！"

船长依旧高声命令："跳海，立刻！马上！"说完，他就立即跳了下去。随后，水手们也纷纷跳入大海……

幸运的是，这里离无人岛并不远，所有人都安全地游上了岛。这无人岛虽然没有人居住，但是物产丰富，有足够的食物供水手们填饱肚子。事后，水手们才知道，他们遇到的是一次剧烈的海底地震，海浪根本不可能短时间内平息。他们能够安然无恙，实在是一个奇迹。之所以如此，就是因为船长果断地选择了放弃物资和货船。

如果他不舍得放弃，那么结果会怎样？恐怕是船毁人亡吧！

所以，我们都应该牢记，放手远远要比不放手更为明智。尤其是那些得不到的欲望，你越是奔跑着想抓住它们，往往越不会有好的结果；当你放弃占有的欲望，慢慢地摊开双手时，就可能有意想不到的收获。

想不开就不想，得不到就不要，生活就是这么简单！

完美不完美，只需要尽力而为

狮子是草原上独一无二的王者，敏锐、强大，无人能敌。美丽的非洲大草原上，一只名叫杰克的小狮子为自己身为狮子而骄傲，他梦想着成为这片草原上最强大的王者。

但是，当他跟着母狮学习捕猎时，却发现自己竟然追不上羚羊。他因为自己的不完美而郁闷苦恼，堂堂草原之王怎么能在奔跑上输给羚羊？怎么能不完美？

他发誓要成为一只完美的狮子，于是他每天坚持练习奔跑，从白天练到晚上，从春天练到秋天。可是不管他怎么苦练奔跑，速度还是比不过羚羊。

小狮子杰克心想，或许是羚羊有什么奔跑的秘诀，或许是因为他们的生活习惯和我们不一样。那我为什么不跟着羚羊学习呢？之后，他开始观察羚羊每天的饮食并跟着他们学习，羚羊吃草他也跟着吃草，羚羊喝水他也立即跑往小河边喝水，羚羊奔跑他也学着他们的姿势奔跑。

一段时间过去了，小狮子杰克的奔跑速度不仅没有加快，反而因为天天吃草而导致身体逐渐瘦弱无力，精神状态也开始萎靡不振。他再也不是那个威风凛凛、行动敏锐的小狮子了。

母狮看到这样的情形，温和地对杰克说："这个世界上是没有完美的生命的。狮子之所以成为草原上的王者，是因为我们的综合能力比其他动物更强，我们拥有敏锐的观察力，敏捷的反应能力，极佳的扑咬能力。"

母狮看了看杰克，继续说："然而，这并不代表着我们就是完美的，也不代表着王者就应该是完美的。我们没有羚羊跑得快，没有犀牛的力气大，没有雄鹰的翅膀，但是我们却可以凭借极强的综合能力抓到羚羊、犀牛等动物。我的孩子，你要明白一点，没有缺点的王者是不存在的，你没有必要追求所谓的完美。"

听了母狮的话，小狮子杰克这才明白，原来自己被完美的表象给欺骗了，在追求完美的过程中失去了自我，也失去了自我的优势。从那以后，杰克再也不嫉妒羚羊的奔跑速度了，而是开始练习各种本领。

几年之后，杰克成长为草原上雄壮、敏捷的年轻狮子，并且成为新一代的草原狮王。

完美是多少人的梦想？完美的容貌、完美的生活、完美的爱情、完美的人生……这一切听起来都那么令人神往。然而，这个世界上并不存在完美，所谓的完美不过是天边的海市蜃楼，只是一个虚幻的空镜子。苛求完美，只能害了自己。

就像现在很多年轻女子，追求完美的容貌，漂亮的大眼睛、高鼻梁、尖下巴……为了它不惜牺牲自己的健康，开始不断地整容。结果呢？肌肉松弛，皮肤老化，笑容僵硬，甚至比同龄人更显老态。

很多人追求完美的爱情，不容许自己的爱情有丝毫瑕疵，希望爱人温柔体贴，希望爱人年轻貌美，希望爱人全心全意爱自己……结果呢？一生都在苦苦寻觅，错过了一个又一个爱自己的人，只能孤独地度过一生。

女孩长相清秀靓丽，正值花样的年华。朋友为她介绍了一个男朋友，才华横溢，英俊帅气。

约定见面的那天，她早早起床，开始精心地打扮自己，想让自己以最美的形象出现在他的面前，让他看到最完美的自己。描眉画眼，涂脂抹粉，挑选衣物，精心打扮……

女孩比平时更美丽动人，更光彩照人。可出门时，她却总觉得自己的装扮不完美，不是觉得脸上的粉没扑均匀，就是眉没描翠，要不就是这裙子和发型不相配。结果，数次往返，等到她赶到约定地点时，男孩儿早已离去。

再一次见面时，男孩儿身边已有了女朋友，而看到英俊帅气的男孩，她后悔不已，后悔自己为什么要耽搁那么长时间。

其实，女孩本已经非常漂亮了，没有必要花那么长的时间化妆，更没有必要追求完美。此时，女孩只能哀怨叹息，但覆水难收，即便再后悔也已经晚了。

“人有悲欢离合，月有阴晴圆缺，此事古难全……”宋代大诗人苏轼的一首《水调歌头》道出了人生的遗憾和无奈，可这不就是人生常态吗？就连每一个季节都不是完美的，就连月都有阴晴圆缺，更何况我们普通人呢？

况且，就算有时你让自己变得完美了，但是在你不知道的地方或许还存在着不完美。就算你的生活是完美的，但是人生一生都没有体验过遗憾，没有经历过失败和挫折，又何尝不是一种不完美？

所以，不要苛求完美，更不要试图为了追求完美而改变自己。只要我们努力地生活，走好每一步，让自己和人生变得精彩，那么即便是有遗憾和不足也没有什么大不了的。

追求完美是一种生活态度，但苛求完美就会成为我们美好生活的绊脚石。把完美当作一种憧憬和向往，当作一种追求，但是千万别因此而放弃了大好年华。

面朝阳光，阴影自然被甩在身后

看过电影《监狱风云》的人，对一个叫亨利的男子都印象深刻。他是一个快乐的人，任何事情都无法破坏他的心情，任何人都无法夺走他的快乐。

亨利因为一件事情被误判入狱，只能在监狱中度过自己的人生。不知道他怎么招惹了监狱官，所有的监狱官都看他不顺眼，时常找他的麻烦，不是用刑拘拷打他，就是想办法虐待他。

一次，监狱官把亨利叫了出来，用手铐把他的身体高高吊起。这让他感到非常痛苦，可面对这样的折磨，亨利没有大喊大叫，更没有义愤难平。他微笑着对面前的监狱官说："谢谢你！你对我真是太好了！这治好了我的背痛。"

还有一次，亨利被监狱官关进了一个被暴晒的锡箱中——那里温度非常高，就好像是一个加温的烤箱。亨利在里面汗流不止，身体很快就要虚脱了。本以为这样的折磨一定会让他连连求饶，可当他被放出来的时候，脸上竟然还带着大大的笑容。亨利微笑着说："拜托，你再让我待一天吧！我感觉这里还挺有趣的呢！"

见亨利依旧“顽固不化”，监狱官把他和一个杀人犯关在一起。这个杀人犯异常凶残，脾气非常暴躁，且重达三百磅，没有人敢靠近他一步。在这样的密室里，如果他想要杀掉亨利，亨利连躲避的机会都没有。

可令人惊讶的是，当监狱官打开密室房门的时候，亨利竟然和这杀人犯谈笑风生，还快乐地玩起了纸牌。

这个世界上没有绝对的坏事，也没有绝对的好事。事情的好坏往往掌握在我们的手里，而快乐与否也掌握在我们的手里，就看我们从哪一个角度来看待问题。亨利被误判入狱，每天遭受着监狱官的折磨。但是他仍快乐地生活着，只不过是因为他选择了从好的角度来看自己的处境。

凡事往好处想，我们就会发现，事情远远没有想象的那样糟糕，看似不幸的生活也充满了希望和阳光；凡事往好处想，我们的内心就会变得豁然开朗，就会发现和体悟生活中的美好。

俄国作家契诃夫有一篇很著名的文章，名叫《生活是美好的》。其中有这样一段话，恰好告诉了我们这样的道理，他说：“要是火柴在你的衣袋里燃烧起来了，那你应当高兴，而且要感谢上苍，多亏你的衣袋不是火药库；要是有穷亲戚到别墅来找你，你不要脸色发白，而要喜洋洋地叫道：挺好，幸亏来的不是警察……”

换一个角度来看问题，是不是事情就没有那么糟糕了？是不是生活中的不幸和烦恼就不值得一提了？

当我们面朝阳光的时候，阴影自然就会被甩在身后。当我们乐观地看问题时，心情就会变得好起来，或许还可以把不幸降到最低，从而改变自己的处境。虽然我们不能选择自己的人生，不能改变自己的境遇，但是我们却可以改变心态和看待人生的角度。是守着糟糕的境遇哭泣，还是及时转换心情，完全看你的心态。而心态不同，结果自然就不同了。

大学毕业的高才生，面对着最基本的工作，不高的工资，你应该怎么做？小李和小张就面临这样的问题。

小李刚工作没多久，就开始不停地抱怨：这工作太累了，为什么所有人都指使我干活；工资太低了，这一个月工资还不够我吃饭、坐车的；我堂堂大学生，为什么要做这样的事情……

越抱怨，小李就越觉得工作做着没意思，越觉得自己的才华被埋没了。于是，他准备跳槽，找到可以发挥自己才能的地方。

同一天应聘到这家公司的小张，和小李是大学同学，做着同样的工作，领着同样的工资。他却觉得这份工作虽然简单、枯燥，但是却可以让自己学到很多东西；工资虽然不高，可自己是新人，能力不足，需要学习的东西也很多；这家公司规模大，发展平台大，自己成长的空间也非常大；而同事指使自己干活，则可以让自己学到很多东西，掌握很多经验……

就这样，小李很快就辞职了，而小张则更加努力地工作。小李这一辞职就没有收住脚步，换了一家公司又一家公司。到了哪家公司都是一样，不是抱怨这就是抱怨那。结果几年下来，虽然换了几家公司，却始终在原地踏步，做着初级的工作，拿着最低的工资。而小张这时候已经是部门主管了，在公司能够独当一面，受领导的重视，且薪水比之前翻了不止一倍。

面对同样的工作，小李只看到了坏的一面，每天都抱怨连连，结果始终也没有改变自己的境况；而小张则看到了好的一面，不断地努力和提升自己，结果迎来了事业的成功。

现实生活中，也许你就是小李，也许你就是小张。成为哪一个人，最重要的就是看你怎么想。所以，任何时候，我们都应该面朝阳光，以好的心态来面对生活，这样生活自然会向我们展现它最美好的一面。

微笑着，把痛苦统统埋葬

漂亮的东西总是招人喜欢，而丑陋的东西总是招人厌烦。小女孩长得并不漂亮，虽然乖巧可爱，可就是没有人喜欢她。

她知道自己长相有些丑，所以骨子里有着强烈的自卑，不敢和其他孩子一起玩儿，不敢在别人面前笑，更不敢在人多的地方说话。慢慢地，她变得越来越自卑，甚至开始封闭自己的内心。

女孩的父母看到女儿这样，异常焦急。为了让女儿好起来，他们想了很多办法，鼓励她，安慰她，却没有任何效果。

一天，父亲带着女儿走出了家门，他们先后参观了两座庄园。第一座庄园非常漂亮，里面长满了五颜六色的花朵，在阳光下显得异常鲜艳。鲜花间，蝴蝶和蜜蜂在悠闲地飞舞着，女孩的心情也因此变得好了起来。

庄园里还有很多人，每个人都热情地跟他们打招呼，对着他们真诚地微笑。庄园里随处可以听到人们朗朗的笑声，女孩也被感染了，脸上露出了久违的微笑。

看见女儿笑了，父亲笑着问道：“你喜欢这里吗？”

女孩点了点头说："喜欢，这里的花儿很美丽，这里的人也很热情，就像是我们的家人一样。我很喜欢这里。"

父亲听了女儿的回答，没有说话。接着，他又带着女儿来到另一座庄园。这里与第一个庄园截然不同，没有鸟语花香，没有蝴蝶飞舞，更没有热情好客的人。整个庄园长满了野草，很多花儿也已经凋零了，显得异常沉闷和压抑。里面的人也面无表情，没有一个人主动和他们打招呼。女孩感到异常不安，赶紧叫父亲带自己离开了。

回到家之后，父亲问女儿："今天我们去了两座庄园，你喜欢哪一个，更愿意生活在哪里？"

女孩不假思索地说："当然是第一座庄园了，我很喜欢那里！"

父亲问道："为什么呢？"

女孩想了想说："因为那里景色非常美丽。最重要的是，那里的人非常热情，脸上都挂着笑容。在那里我们感到了阳光般的温暖，感到了幸福和快乐。可第二座庄园却正好相反，那里死气沉沉的，人们也没有一丝笑容。生活在那里，我肯定会非常难受和压抑，我不喜欢那里。"

见女儿说出了自己想说的话，父亲满意地说："是啊，笑容是最感染人的。它可以融化我们心中的积雪，可以让我们感到阳光般的温暖。笑容可以让一座庄园变得更美丽，也可以让我们自己更快乐。"

女孩这才恍然大悟，明白了父亲的良苦用心。从此以后，她不再为了自己的相貌而愁眉苦脸，也不再逃避和别人说话。她开始学着微笑，微笑地面对自己和别人。慢慢地，她不再自卑，变得越来越有自信，而她的生活也越来越快乐。

对于人们来说，漂亮的相貌是招人喜爱的，但并不意味着相貌就代表一切，并不代表只有美丽的容貌才能吸引他人的喜爱。这个世界上最美丽的是挂满笑容的脸，一个笑容灿烂的人，就算是长相普通，也总能够招人喜爱；可是一张愁眉苦脸的人，就算再漂亮动人，也让人敬而远之。

可以说，生活就是一面镜子，你怎样对它，它就会怎样对你。如果你每天都闷闷不乐，那么生活就会给你带来更多的苦恼和麻烦。与之相反的是，如果你每天都让自己欢乐，把微笑挂在脸上，那么生活也将迎来一个又一个晴天。

布兰达是巴黎话剧团最著名的喜剧演员，生活中她也是一位幽默开朗的人。她总是能微笑地面对所有人，微笑地面对所有的事情。她告诉人们："每天起床我都会先看一眼这张照片，告诉自己'没有人愿意欣赏你抑郁的脸'。照镜子的时候，我总是会努力让自己的表情更快乐，这样别人才能知道我是个快乐的人，而不是倒霉蛋。"

没错，没有人愿意欣赏你忧郁的脸，也没有人喜欢一个整天愁眉苦脸的人。生活中，我们会遇到很多事情，有喜悦，有悲伤，有酸甜，也有苦辣。因为些许的不幸和挫折，就整天苦着一张脸，自怨自艾，最终只能让自己陷入悲苦的生活中无法自拔。若是能让自己的脸上挂上笑容，微笑面对生活，那么就可以把痛苦埋葬，迎来美好的生活。

我们要知道，快乐的生活是由我们自己创造的，不幸的人生也是由我们自己造成的。不管命运夺走了什么，我们都不能让自己陷入自我厌弃、自我哀怨之中。让微笑成为一种习惯，我们就会发现，生活处处是鸟语花香，所有的一切都会因为你的笑容而变得更加美好。

淡舍忘：与糟糕的过去做个了断

很久之前，有一个不快乐的青年，觉得生活充满了愁苦，没有什么乐趣可言。可是，他的心是向往幸福的，想要追求幸福美好的生活。

他听说在遥远的地方有一位充满智慧的大师，能够化解人们心头的愁苦和疑惑。于是，他便背起了全部行囊，经过了艰苦的跋涉之后，找到了那位智慧大师。

刚见到大师，这位青年便开始倾诉自己的艰辛："大师，我终于找到您了。要知道，我这一路上经历了无数的痛苦和挫折，长期的旅途跋涉，让我感到异常疲惫；我的鞋子被磨破了，路上的荆棘割破了双脚；为了拨开荆棘，我的双手受伤了，流了很多的血……更重要的是，我只能一个人前行，感到非常孤独和寂寞。"

大师看着青年，轻声地问道："你背后的包裹这么大，都装了些什么？你不感觉它很重吗？"

青年点了点头，说："没错，它确实非常沉重。"

大师问道："那么，你为什么不把它放下？"

青年立即摇着头说："不行，这里面有我最重要的东西，我不能放下。它装着我每一次跌倒时的痛苦，每一次受伤时的无助，以及一个人行走时的孤独……正是因为有了它们的支撑，我才能坚持走到这里。”

大师没有再说什么，而是把青年带到河边。河水“哗哗”地流淌着，看不见底部。大师让青年砍下一棵大树，然后做成一座木桥。等到过了河之后，大师说：“你把这棵树扛上吧，我们继续赶路。”

青年惊讶地大声喊道：“什么？扛上树赶路？这棵大树这么重，我怎么能扛得动！”

大师微笑着说：“孩子，既然你扛不动它，就不用扛了。”

青年好奇地看着大师，大师则继续说：“扛不动的东西，非要扛着上路，只能变成我们的包袱。大树是如此，任何事情都是如此。这一路上，你之所以疲惫不堪，就是因为扛了太多的东西。不管是痛苦还是孤独，寂寞还是眼泪，这些都是我们最重要的感受，都是我们人生中的感悟。它们能使我们的生命得到升华，能够让我们感受到生命的美好。但如果时刻不忘，总是带着它们上路，那么它们就成了人生的包袱。很多东西都需要放下，因为我们的人生根本无法承担那么重的包袱。”

没错，青年之所以感觉生活不幸福，是因为他背负的东西太多了。过去的痛苦、悲伤、孤独，他都无法忘记，怎么能开心呢？

过去的东西，无论是不快乐、悲伤，还是痛苦、挫折，过去了就过去了。我们应该与这些糟糕的过去做个了断，然后继续开始新的旅程。不能淡忘，只能让自己留在过去，留在一个单调的圈子里，难以获得成长和进步。

不要背负太多，不要让过去在自己身上留下痕迹，然后开始在每一天迎接新的自己，这才是生活的智慧，也是我们成长的目的。

年轻的女孩想要投河自杀，恰好被一位渔夫救了起来。

渔夫不解地问："姑娘，你年纪轻轻，为什么想不开呢？"

女孩失声痛哭起来，情不自持地说道："我有一个非常相爱的男朋友，可是他却离开我了。我那么爱他，他为什么要这样做？既然已经失去了爱人，我活着还有什么意思？"

渔夫见女孩这么伤心，就耐心地安慰她，可是女孩依旧没有打消自杀的念头。这时候，渔夫问道："你和男朋友是什么时候恋爱的？没有遇到他之前，你生活得怎样？"

女孩说："我那时是一个学生，过得自由自在，生活也非常快乐。"

渔夫随即笑着说："既然如此，之前你可以快乐幸福，为什么之后就不可以呢？"

女孩一听，顿然醒悟了。她真诚地谢过了渔夫，挥了挥手，开始了新的生活。

失恋了，没有什么大不了的。女孩之所以痛苦不已，就因为她把失恋和痛苦放进了包袱，没有放下之前的爱人和爱情。

过去固然很重要，曾经逝去的爱情也固然值得留恋。但是只有与糟糕的过去做个了断，我们才有重新开始的机会，未来才能拥有无限的可能。

当然，这还有一个好处，那就是可以让我们更清楚地认识自己，把自己放在一个正确的位置。轻装上路，我们才能慢慢由青涩走向成熟，才能朝着新的目标更进一步。

CHAPTER · 04
生活不只有苟且，还有诗意和远方

生活与梦想时常背道而驰，残酷的世界或许让我们胆战心惊，淡化了我们对美好事物的追求和热爱。这万万不能！每一个人，无论他出身贫寒还是高贵，如果他不忘初心，稳步前进，那么无论是人还是魔鬼，都不能阻止他迈向远方。

我们现在的模样，来自从前的选项

一座监狱里关着三个人，他们需要在这里待上整整三年的时间。监狱长允许他们每个人提出一个要求。

第 1 个人是一位游手好闲的人，每天喜欢抽雪茄。得到了这个机会，他当然不会放过了，于是他向监狱长要了三箱雪茄。

第 2 个人是一个花心浪漫的人，每天都习惯流连于美女之间。于是，他向监狱长要了一个漂亮女子与自己相伴。

而第 3 个人则是一个精明的商人，生意做得非常不错。为了能够和外界沟通，他向监狱长要了一部电话。

监狱长答应了他们的要求。可三年之后，他们的生活怎么样呢?

第 1 个人在门刚刚被打开的时候，就急匆匆地冲了出来，鼻孔里和嘴里都塞着雪茄，还焦急地大喊："快点给我火，快点给我火！"原来这个习惯抽雪茄的人，只要了雪茄却忘了要火。

第 2 个人优哉游哉地出来了，那个美女已经成为他的妻子，他们手里各抱着一个小宝宝，而美女已经怀上了第三个小宝宝。

随后，第 3 个人走了出来，一边往外走一边打着电话。见到监狱长之后，他立即挂断了电话，并且感动地握住监狱长的手，说：“在这三年内，我每天都通过那部电话和下属们保持联系，这样我的生意才能继续下去，并且公司的利润还增加了两倍。监狱长，实在是太感谢您了。为了表示对您深深的感谢，我要送给你一辆劳斯莱斯！”

这或许是真实故事，或许是寓言故事。我们不讨论故事的真假，重要的是，我们需要从中认识到这样一个道理：不同的选择，决定了我们未来将拥有不同的人生。

选择，对于我们的人生和生活是至关重要的。选择对了，我们就会更顺利地获得成功，就有更多的机会迎接美好的未来。可如果选择错了，我们就会陷入泥泞之中，让前进的道路充满坎坷，甚至是彻底迷失了方向。

可以说，我们过去的选择，决定了我们现在的生活状态；而我们现在的选择，也决定了我们未来的模样。如果选择了安逸，就将面临平庸的生活；如果选择了逃避，就只能以失败告终。可相反的是，如果选择了艰苦的跋涉，就能攀越高山；如果选择了远行，就能获得成功；如果选择了风雨兼程，自然有梦想在前方等候。

一个人的选择不同，人生自然就大不相同。

她是一个普通的女孩，出生在美国得克萨斯州的一个小镇农场。小时候她几乎没有走出过农场，更别说见过什么大世面。那个时候，她根本不知道电影是什么，甚至连一张电影票都没有见过。

二十四岁那年，她走出了那个农场，来到了大城市加州。在一次选美中，她赢得了一张飞往洛杉矶的单程机票。对于年少无知的她来说，这张机票只是自己的奖品，或许可以让自己免费见识一下大城市。

可一次偶然的机会，她参加了一项才能测试，说她适合从事表演、演讲、艺术绘画工作。很多人把这个测试当成了玩笑，可她却认真了，开始梦想着成为一名演员，甚至是明星。

对于很多怀揣演艺梦想的女孩来说，洛杉矶无疑就是一座天使之城。这时，懵懂的她选择了勇敢走出农场，去洛杉矶追寻自己的明星梦。当她穿着选美时那件满身亮片的衣服，画着自以为时尚漂亮的妆容，出现在知名经纪公司时，所有人都惊讶不已，嘲笑她的土气和夸张。

好在她长得非常漂亮，身材姣好，浑身上下散发着一种野性美。所以，经纪公司决定录取她，以备不时之需。之后，她出演了很多小角色，有路人甲，有女佣人，有服务员……

在洛杉矶的日子，她参演了不少影视剧集，但是却始终不温不火，只是和观众混了个脸熟。这样的日子，什么时候才能到头呢？她不知道。但是她的骨子里却有着不甘，不想一辈子只在洛杉矶做一个“打酱油”的小演员。

为了给自己制造机会，她进行了大胆的尝试——每每参加新闻发布会，都努力靠近那些明星，然后将这些照片留下来，并且用显眼的字体标明片名、播出日期以及自己所扮演的角色。

后来，她听到一个消息，一家电视台要拍一部关于“绝望”的电视剧，其中一些女演员都是半红不黑的年老演员。她觉得这是一个大好机会，最起码在这些人中，自己是新人，且年轻漂亮，出演主角的机会更大。于是，她毛遂自荐，将准备好的照片寄给了制片人。制片人见她性感妖娆，与剧中的某一主角的形象颇为贴近，再加上她和很多明星都合作过，便把这个机会给了她。

令人没有想到的是，这部剧一经播出竟受到了观众们的欢迎和追捧。它就是曾经火爆一时的《绝望主妇》，而随着剧集的热播，她也成为炙手可热的明星，片约不断。她饰演的“疯狂主妇”被People杂志评为“最美的50人”之一，位列AskMen.Com票选的99位绝代佳人的第10名。

她就是美国当代著名影星伊娃·朗格利亚。

伊娃选择了离开农场，到洛杉矶追求演员梦；选择了坚持下去，没有因为籍籍无名而放弃；选择了主动出击，向制片人毛遂自荐。正是因为这样的选择，她获得了最后的成功，成就了自己的梦想。

不同的选择，会让我们走上不同的道路，其结果也会有所不同。很多时候，选择有正确和错误之分。例如，在困难面前，你是选择前进还是后退？前进，困难就会迎刃而解；而后退，只能让自己困在原地。对和错就显而易见了。

很多时候，选择没有正确与错误之分，如你是选择做律师，还是选择做老师。不管做哪一个职业，都能够体现自己的价值。当然前提是你必须付出努力。

同时，我们要明白一点，人生的选择是非常重要的，没有重来的机会。既然选择了，我们就应该坚定地走下去。尊重自己的选择，按照自己选择的路走下去，才能活出自己的精彩。

既然是梦想，就应该不同凡响

雏鸡第一次出去觅食，看见了一条蚯蚓，它扑腾翅膀跌跌撞撞跑了过去。正当它啄蚯蚓时，狡猾的蚯蚓已经钻入了地下。雏鸡很不开心，如果它也能像鹰一样展翅飞翔的话，这条蚯蚓一定来不及钻入地下，一定会被它吃掉。

天空中，雄鹰肆意地翱翔，它的身姿健美诱人。雏鸡好奇极了，鹰眼中的风景究竟有多么美丽。它连续数日对着天空发呆。

母鸡见雏鸡魂不守舍地看着天空，就问雏鸡怎么了。

雏鸡说："我们和鹰都有翅膀，为什么鹰能翱翔天空，看尽天空美景，而我们的翅膀却只能帮助自己保持平衡，永远都飞不过两米高三米远？"

母鸡笑着说："那是因为我们的翅膀没有鹰的翅膀大。"

这时，雏鸡看到远处的大树上栖息着两只叽叽喳喳的小麻雀。小麻雀相互追逐，从树这头飞到树那头，又从树那头飞到树这头。雏鸡又好奇地问："那麻雀呢？它们的翅膀比我们小多了，可是它们却会飞。"

"你仔细观察一下麻雀。"母鸡耐心地解释，"麻雀比我们小很多，但它的翅膀展开后却比它们的身体还要大，而我们的翅膀展开后却没有身体大。按照比例来看，我们的翅膀还是没有麻雀大。”

雏鸡听后，若有所思。

世间万物，因果相承。对于鸟类来说，正是因为有翅膀，它们才能在天空飞翔，而翅膀的大小又决定了它们能飞多高，飞多远。就像麻雀，虽然会飞，却永远也飞不过鹰的高度，因为它们的翅膀没有鹰的翅膀大。又如母鸡和雏鸡，因为翅膀没有自身大，也永远飞不高，飞不远。对我们来说，我们的梦想就是我们的翅膀。

这双名为“梦想”的翅膀是无形的。梦想有多大，翅膀就有多大，而这也决定了我们可以飞多高，飞多远。梦想是一个人前进的动力，如果梦想很小，它的动力便不足；如果梦想够大，它的动力能带我们一路奔驰。

人生活在世上，什么都可以缺少，但唯独不能缺少梦想。因为有梦想，我们才会有追求，人生才会灿烂明媚。如果我们想要像雄鹰一样展翅翱翔，那么我们的梦想一定要比我们自身的能力大。不管最后能否成为天空的霸主，但至少我们看到了雏鸡不曾看过的美景。

十四岁那年，孟乔波辍学了，在湖南益阳一个小镇贩卖茶水。她人小，摊位也小，但卖给客人的茶杯却很大，茶水里的茶叶也很足。所以她的茶叶卖得特别快，生意非常不错。

十七岁那年，在别人纷纷放弃卖茶水时，孟乔波把摊位搬到了益阳城,改卖当地传统的“擂茶”。擂茶制作程序烦琐,但却能卖上好价钱。她还研制出了不同口味的擂茶，生意做得红红火火。

二十岁那年，孟乔波依然在卖茶。不同的是，她盘下了一个小店面,店中央摆着一个根雕茶几。每每有客人进门,她都会泡上一壶好茶,请客人免费品尝。后来，她的茶庄开到了其他城市，茶叶卖出了一包又一包，品茶人也培养了一批又一批。

二十四岁那年，孟乔波在中国开了近四十家茶庄，口碑令人称道；三十岁那年，她将茶庄开到了国外……

孟乔波，她是著名的茶商。

孟乔波的梦想是什么？是卖好茶。她的梦想有多大？是将茶卖到世界各地。

当我们看到孟乔波实现了自己的梦想时，我们会觉得理所当然，那么大的梦想与她的年纪、经历、能力没有一点突兀。但回过头去看，当我们问十四岁那年的孟乔波她的梦想是什么，如果她的回答是想将茶卖到世界各地，我们一定会觉得她的梦想太大，太异想天开，绝不会有实现的一天。然而神奇的是，她却实现了自己的梦想。

在别人看来，不切实际、过于浮夸的梦想是令人嘲笑的，但我们却不能嘲笑自己。梦想是什么？梦想就是梦与想象，就是要无限大。只有梦想足够大，才能让我们走得更远，站得更高。而在我们追逐梦想时，也要不忘初心，坚守自己的梦想。坚信终有一天，我们也会实现自己的梦想。

海阔凭鱼跃，天高任鸟飞。如果鱼没有强而有力的鳍，鸟没有遮天蔽日的翅膀，那它们依然会在自己的一番天地里跳跃、飞翔，却永远看不到所谓的海阔天空。你的梦想有多大，翅膀就有多大。翅膀越大，才能飞得更高更远，看到旁人无法欣赏到的美景。

雄心一定要有，否则越活越丑

他和同伴只是普通的建筑工人，是城市中众多建筑工地中最普通的一员。他们从这个工地转移到那个工地，建造了一栋又一栋大楼。

他每天都快乐地工作，努力让自己做得更好。因为他并不认为自己一辈子只能是一名工人，他拥有一个美丽的梦想。他坚信今天的工作只是一个开始，是自己实现梦想的阶梯。每每想到自己的梦想，他就快乐无比，就觉得每天都过得非常充实。

同伴则正好相反，他厌恶这份工作，更厌恶自己这个身份。因为这个工作让他每天都非常辛苦，风吹日晒，每天搞得自己浑身脏兮兮的，却只能赚微薄的工资。他从来没有想过自己的未来，也不知道自己的未来将会是什么样子！

看到他每天都开心地工作，同伴有万分的不理解。

于是同伴问他："你每天为什么那么开心呢？工作不苦吗？"

他笑着回答说："你工作得不开心吗？"

同伴说："干这样又脏又累的活有什么可开心的？"

他随即回答说："我正在为自己的梦想而努力，难道不值得开心吗？你没有梦想吗？”

听了他的回答，同伴嘲笑地说：“梦想？我小时候的梦想还是成为地产大亨呢！现在怎样？我还不是成为一名建筑工人？梦想，早已经成为过去的事情了。现在，你见过哪一个建筑工人还梦想着成为地产大亨？这不过是痴心妄想！”

他思考了一会儿，问同伴说：“那你觉得我们现在在干什么？”

同伴嗤笑着说：“砌墙。”

他摇了摇头说：“不，你说错了。我们正在建造一座非常美丽的城市。”

同伴觉得他有些过于痴心妄想了，便不再打扰他的“美梦”。

之后的时间里，他依旧快乐地工作，为自己的梦想努力，而同伴则继续抱怨着工作。多年之后，他终于实现了自己的梦想，成为一个有名的建筑师，为这座城市设计了很多漂亮的建筑；而那个同伴则依旧在工地砌墙，抱怨着工作的苦累。

拿破仑说过，不想成为将军的士兵不是好士兵。眼前的生活或许有些不尽如人意，但是我们却不能没有雄心和梦想。不管到什么时候，只有心怀美好的梦想，并且清楚地向着这个方向前行，我们才能在属于自己的路上走出精彩的人生。

现实生活中，很多人都怀有那名同伴的想法，只看自己的眼前，只想着抱怨生活的艰辛，却没有想过突破自己的困境。他们只是为了工作而工作，并没有雄心和抱负，结果丢了自己的梦想，也毁掉了自己的未来。

很多时候一个士兵当不了将军，缺乏的往往不是能力，而是雄心。不管梦想有多么遥远，都有实现的可能，但是如果我们自己没有胆量和雄心，那么只能沦为平庸的人。

法国有一个年轻人，名叫巴拉昂，他年纪轻轻就成为法国的传奇式人物。这是因为他仅仅用了十年的时间，就从一名普通的推销员跻身于法国富豪榜。

巴拉昂当初的生活非常窘迫，只能靠推销肖像画来维持自己的生活。经过了十年的拼搏奋斗，他成为法国的媒体大亨，拥有了寻常人难以企及的财富。

然而他的传奇还在继续，在即将辞世的时候，他留下了一封独特的遗书——向社会捐赠了全部财富，还特意拿出一百万法郎作为奖励，奖励给一个能解决自己所提出问题的人。同时，在遗嘱中他还提到，自己曾经是一名穷困潦倒的年轻人，之所以能够在短时间内创造如此大的财富，是因为找到了成为富人的秘诀。而这个秘诀就是这个问题的答案。

或许你感到好奇，这究竟是什么问题竟然值一百万法郎？其实，这个问题非常简单，就是穷人最缺少的是什么。

这个问题的答案被放在一个银行的保险箱内，由两名代理人全权保管。巴拉昂去世之后，法国各大报纸刊登了这个遗嘱和问题，而所有人都在绞尽脑汁地思考这个问题的答案。有的人想获得这一百万法郎的奖励，有的人则想要知道成为富人的秘诀。

一时间，各种答案就像雪片般纷纷向各大报社飞来，有的人说是金钱，有的人说是关爱，有的人则说是机遇……

最后，一个小女孩成为令人羡慕的胜利者，而她的答案也非常简单，那就是野心——这就是巴拉昂成为超级富豪的秘诀。

没错，穷人缺少的恰恰就是能够成为富人的野心。巴拉昂之所以在短短十年内就跻身于法国富豪榜前五十名，就是因为他有着成为富人的野心。而这野心就是他成就梦想的重要支撑。

可以说，没有野心，一切梦想和未来都只能成为泡影。只要我们敢想，把目光放在未来，那么，终有一天我们可以站在自己的梦想面前。所以我们应该为自己创造一个梦想，在这个过程中，即便一路坎坷也不忘初心，勇敢前行。

你若不放初心，早晚梦想成真

在一座陡峭的山崖上有一个鹰巢，母鹰产下了四枚蛋。一天，大地突然颤动了一下，令鹰巢边缘的一枚蛋滚落鹰巢，掉落山崖。

这枚鹰蛋的运气还算不错，它没有落在碎石堆上，而是掉落在山崖下一个鸡舍里，滚入了正要孵化的鸡蛋堆里。老母鸡吃完饲料回到鸡窝后，看到鸡窝里多了一枚巨大的蛋，虽然很吃惊，但还是选择将这枚不知道是什么蛋的蛋给孵化出来。

过了一些天，一只漂亮的小鹰破壳而出。母鸡看到小鹰和小鸡有些不一样，但还是将它当作一只鸡来抚养。小鹰也意识到自己与鸡妈妈有些不同，但这并不妨碍它认为自己就是一只鸡，而它也与鸡妈妈和鸡兄弟鸡姐妹相处得非常融洽。

渐渐地，小鹰长大了，鹰那崇尚冒险与自由的本性一点点暴露出来，它无法安于鸡类的生活了。有一天，小鹰在鸡场里玩耍，它抬头看见一群身姿矫健的鹰在天空自由自在地翱翔。鹰感叹地说：“啊，我多么希望我也能像它们一样在天空翱翔。”

小鸡们听后，全都哈哈大笑，说：“你不可能像鹰一样飞，因为你是一只鸡，鸡是飞不高的。”

小鹰听后，没有说话，它静静地看着天上飞翔的真正的同类。后来，每当小鹰对鸡妈妈和鸡兄弟们说要学习飞翔时，都被鸡妈妈和鸡兄弟们劝阻了，它们告诉它，它不可能飞起来。鹰尝试了好几次，确实飞不高。久而久之，鹰逐渐信了鸡妈妈和鸡兄弟的话，放弃了飞翔的梦想。

小鹰将自己当成一只真正的鸡，度过了作为鸡的一生。

小鹰的梦想是希望像鹰一样自由自在地飞翔在蓝天上，每当它尝试着飞翔时，都会被鸡妈妈和鸡兄弟干扰，最后不得不放弃了自己的梦想。但是，梦想是自己的，何必在乎他人的看法与期待呢？如果小鹰坚持自己的梦想，并勇于尝试与努力，那么最后将会如鹰一样，看遍一切美景。

每个人都会有梦想，但随着年岁的增长，梦想会与自己最初的梦想背向而驰。造成的原因无外乎是外界因素的干扰，这其中最关键的原因是人为干扰。不可否认，人都在乎别人的期待与看法，而稍微信念不足，梦想就会发生偏移，融入了他人的期待。只是，有了他人期待的梦想，那还算自己的梦想吗？答案显然是否定的。

珍妮喜欢画画多过跳舞，但因为父母是舞者，她被送去了舞蹈班，硬着头皮跳了十几年的舞。高考时，她想报考与画画相关的设计专业，但在家人强烈的反对下，她报了一所舞蹈学院。不过后来，她并没有登上大舞台成为一名舞蹈家，而是成为一名舞蹈老师。

工作后，珍妮交了一个男朋友，他是一名性格非常不错且有责任心的销售员，但父亲不赞同他们在一起。抵不过父亲的百般阻挠，珍妮妥协了，最后在亲戚的介绍下与一名老师结了婚。

结婚后，珍妮原本和丈夫生活在一起，日子还算悠闲。可是，公婆非要搬来与他们一起住。珍妮很清楚，她的婆婆是一个小气而挑剔的人，公公又特别不讲卫生，她不想与他们住在一起，因为那一定会产生矛盾。

但因为老公的劝说，她还是强颜欢笑与公婆住到了一起，忍受着婆婆的挑三拣四、公公的邋遢。

在外人眼中，珍妮的一生很美满。她样貌出众，多才多艺，还有一个工作不错的老公，平时还有公婆帮忙做家务。可是，这些都是别人的认为，她内心的苦楚又有谁了解呢？

小时候，珍妮的梦想是当一名画家，她是那么热爱绘画，可是因为父母的期待与干扰，她硬是学习了没有天赋的舞蹈，每日浑浑噩噩地教授舞蹈时，都让她无比后悔当初怎么没有坚持她的梦想。工作后，她一心想要找一名处处听她话的男人结婚，她是找到了，可是又因为父亲的不同意，她不得不分手。结婚后，她梦想着过自由自在、无拘无束的生活，但因为丈夫的劝说，还是与公婆住在了一起，每天都要被说教。

有时候，生活中的累与遗憾，其实就是因为自己束缚了自己，不敢面对潜在的不安定因素。如果珍妮勇敢一点，不在意别人的期待与看法，坚持己见，那么她的生活一定如她梦想的那样。

梦想是一种信念，只有坚信，梦想的主人永远都是自己。或许，我们在实现梦想的过程中会遇到人或环境的干扰，但只要我们不放弃自己的意愿，那么谁都无法更改我们的梦想。我们需要明白，人生就像是一场单程旅行，它没有回头路可走。只有坚持自己的梦想，才不会后悔。

“采菊东篱下，悠然见南山。”诗人陶渊明厌恶官场黑暗，便归于田园，怡然自得。在追逐梦想时，我们要有陶渊明一般的魄力，不必顾忌他人的想法，不被世间俗事困扰，哪怕沿途狂风骤雨，也要不忘初心，坚持自己最初的梦想。否则，我们将会活在别人眼里，迷失在自己的心路里。

别给自己设限，因为你潜能无限

这是一个非常著名的实验：

科学家把一只跳蚤放在桌子上，一拍桌子，跳蚤就会因为受到惊吓而跳跃起来。而它跳起的高度竟然是身体的一百倍，甚至还要更高。

接着，科学家把这只跳蚤放入一个密封的瓶子里，继续让它跳跃。可是，由于瓶子的阻挡，跳蚤即便是拼尽全力也始终跳不出来。这只跳蚤始终没有放弃，它一直在跳跃，跳呀跳呀……

直到半个小时后，科学家打开这个瓶子，这只跳蚤还在跳跃着。然而令人惊讶的是，尽管它不断地跳跃，但是跳跃的最大高度也只达到了瓶口，再也无法达到最开始的高度。

这只跳蚤为什么跳不高了？是它丧失了跳跃能力吗？

不，绝对不是这样的。跳蚤的跳跃能力并没有丧失，而是它的潜意识受到了瓶子高度的影响。在它的潜意识里，自己只要超过这个高度就会碰壁，就会被撞得很惨。所以它调节了自己跳跃的高度，给自己设置了限制。

可以说，因为瓶子的存在，跳蚤扼杀了自己的行动欲望和潜能。而科学家把这种现象称为“自我设限”。一个人一旦自我设限，就会产生一个荒谬的想法：我能做好这件事情吗？如果做不好，那我就不要做了！

这是多么可怕的想法！它将压抑我们身上的潜能，消除我们生命中应有的光芒。美国思想家爱默生曾说过：“蕴藏于人身上的潜力是无尽的，一个人能胜任什么事情，别人无法知晓。若不动手尝试，你对自己的这种能力就一直蒙昧不察。除了你自己，没人能否定你。相信自己能，便会攻无不克。所以，不要说不可能……”

所以，我们必须大胆地前进，不给自己设限——不管这个限制是你自己设置的，还是别人强加给你的。只有挖掘出自己的潜能，充分发挥自己的能力，我们才能释放出惊人的力量，并且成就自己的梦想。

他出生于旧金山一个破旧的贫民区，从出生开始就经历着别人没有经历的苦难，父母离异，家境贫寒。

更悲惨的是，六岁时，他突然得了小儿软骨病，双腿虚弱无力，只能用夹板夹牢双腿来勉强走路。因为家境贫寒，支付不起药费，他只能硬挺着过来。由于长期夹着坚硬的夹板，他的腿开始慢慢地萎缩，双脚向内翻，小腿比别人的胳膊还要细很多。医生说，他的人生肯定完了，只能在床上度过。

然而，他却没有放弃自己的人生。一天，他偶然遇到了一个令自己羡慕不已的人，并且梦想着成为那样的人。这个人就是旧金山飞人棒球队的运动员威利·梅斯基。

这个想法是不是太疯狂了？一个连走路都不利索的人，双腿肌肉严重萎缩的人，怎么能成为一名运动员？他的母亲也是这样想的，并且劝说他放弃这个不可能实现的想法。

但是，他却非常坚定自己的想法。为了锻炼腿部肌肉，也为了帮助家里赚钱，他开始做一些简单的工作，到街上去卖报，到池塘去打鱼，到火车站帮别人装卸行李，还到一家商店做售货员……

在这段时间，他一有时间就到附近的中学练习打橄榄球。我们都知道，橄榄球是一项运动量非常强、体力消耗非常大的运动，尤其是需要很强的奔跑能力。可想而知，他在练习时是多么辛苦和努力。

结果，他成为美国杰出的棒球运动员之一，他就是辛普生。在那个艰苦的时刻，他时常告诉自己："谁说我的人生毫无前途可言，不试怎么知道自己不行？我相信，我能行！"

不试一试，怎么知道自己不行？谁告诉你自己不行？

是的，这一切都是你自己告诉你的。因为你给自己设了限制，说自己能力达不到，说自己没有这样的潜力，所以你才变得越来越不行，越来越失败，直到最后一无是处。

就是因为安于现状，承认自己"不行"，比自我改变、自我突破要容易很多，所以很多人遇到了困难或阻碍，就会说"我一直都是这样""这是不可能的"来为自己辩解和开脱。但是这也意味着他们进行了自我否定、自我限制。一旦他们给自己贴上了这个标签，那么就会按部就班地按照这个标签去实行。

这个时候，这些人的真正自我也就消失了，真正的潜力也就被埋没了。更可怕的是，即便他们获得了释放自身能力的机会，内在的那个我也会大声地喊道"我不行""我做不到"，从而陷入恶性循环之中。

相反的是，只要你相信自己能行，并且不断地突破自己，那么就一定能够发挥最大的潜能，让自己变得越来越出色。

既然如此，我们为什么要自我设限呢？

虽然我们不能改变生活和命运，但是我们可以调整生命的风帆——改变自己的态度，抛弃那些妄自菲薄的想法，清除那些消磨意志，取而代之的就是意想不到的收获。

别让你的努力，与梦想不成正比

美国的肯塔基州有一个小农场，看上去十分破败荒凉。伴随着一声声狗吠，一个小婴儿在这里诞生了。他出生时的哭声嘹亮极了，像是在昭示他未来的不凡，而他的名字叫亚伯拉罕·林肯。

林肯懂事起就有一个梦想，他想要成为美国的总统。这个梦想任谁看来都异想天开，甚至连林肯的父母都劝他实际点，不要再白日做梦。但是林肯却坚守自己的梦想，为实现自己的梦想而默默奋斗。

贫穷的家庭使林肯十五岁才上学，但他明白，唯有知识才能改变命运。他犹如一块海绵，疯狂地吸取一切知识。每天早晚，他要走好几里路去学校，路上他一边走，一边看书。买不起书本便找别人借，他将书本的内容誊写在信纸上，用麻线缝合，制成一本书。学习之余，他还要去农场干活。不过，他会将书本随身带着，利用休息和吃饭的时间来学习。

林肯所接受的正规教育总计不超过十二个月，但他自学到的知识却超过了很多人。林肯脚踏实地地追逐梦想，凭着自己的努力，最终成为美国第十六任总统。

从我们记事起，每个人都会和林肯一样，有一个梦想，甚至会将自己的梦想写入日记本中。这些梦想无外乎是想成为医生、老师、科学家、世界首富……这些梦想有大有小，琳琅满目。当我们回过头回忆那些梦想时，又有多少人实现了呢？答案是微乎其微。长大后，我们又为自己制定了其他梦想，这些梦想现在如何了？恐怕只有自己心知肚明。

梦想是远方那一道道风景，有人会盯住其中一道，坚定不移地朝它走去。虽然前进的路会坑坑洼洼，沿途还有其他美景诱惑，但始终会坚守本心，直到抵达自己想要欣赏的风景为止；有人选定一道风景后，沿途又会更换其他风景，在前进时跌倒后，便一蹶不起，干脆返回。

梦想就像是一张画纸，任凭我们发挥，可梦想的画布铺得再大，也得用画笔填充上线条和颜色，这样才能成就一幅气势恢宏的作品。我们在追逐梦想时，一定要坚定不移，脚踏实地，这样梦想才会是天涯咫尺，而不是咫尺天涯。

有一个小女孩，特别喜欢蝴蝶。每当看到翩翩起舞的蝴蝶时，她会不由自主地学着蝴蝶的模样跳起舞。有一次，小女孩在草丛里追着蝴蝶玩耍，她意外地发现了一只蛹。小女孩的妈妈告诉小女孩，蛹破茧后就会变成蝴蝶。

小女孩见过的蝴蝶不少，但却从来没有见过蛹。她兴奋地将蛹带回家，想要观察蝴蝶是怎么破茧成蝶的。就这样等啊等，等了好几天，蛹终于裂开了一条缝。里面的小蝴蝶使劲挣扎，想要破茧而出。然而过了很久，蝴蝶依然没有挣扎出蛹壳。

小女孩觉得小蝴蝶太可怜了，她想帮帮它。于是她找来一把剪刀，直接将蛹壳剪开了，里面的蝴蝶破茧而出了。但让小女孩意想不到的是，小蝴蝶无论如何努力地挥动翅膀，就是飞不起来。而且没过多久，小蝴蝶就死了。

破茧成蝶的过程漫长而痛苦，但唯有破茧时的挣扎，才能锻炼出蝴蝶挥动翅膀的力量，才能换来日后的翩翩起舞。一味地追求速度，反而害了蝴蝶。其实，我们追逐梦想的过程也如破茧成蝶，只有脚踏实地，循序渐进，才能实现梦想，而急于求成，不遵守自然规律，则会使自己与梦想渐行渐远。

不积跬步，无以至千里；不积小流，无以成江海。一针一线细心缝制的帆，才能安全地将我们送到成功的彼岸；三两针缝制而成的帆，只能将我们埋葬在汪洋大海。当我们的努力与梦想一样丰满时，才可以畅谈我们的梦想。

要想花开落地，梦想就要接地气

天灾人祸，世事无常。一场洪水席卷而过一个地势低洼的小村庄。顷刻间，村庄惨不忍睹。房屋冲垮，破碎的房顶漂浮在洪水中，人们被洪水淹没，随着水流漂流，犹如一片落叶，浮浮沉沉，眨眼间被无情的洪水夺去生命。

有一户幸福的三口之家也没能逃过洪水的魔掌。在洪水冲来之际，水性尚好的男主人救了妻子，儿子则被洪水卷走。

洪水退去，家园破碎，幸存的人们抱团取暖，相互安慰。失去儿子的三口之家也得到了村里人的同情与安慰。但过后，村里人开始质疑男主人，洪水面前，为何率先挽救妻子，放弃了人生刚刚开始的儿子？

就在村人排挤男主人时，一位前来超度的高僧替众人解惑："云端高阳，镜花水月，一实一虚，尔等何择？"

众人这才恍然大悟。

原来，洪水来势凶猛，男主人心有余而力不足，他来不及多想，本能地救下紧挨着自己的妻子，而这也是正确的选择。倘若去救远处的儿子的话，不仅来不及救，妻子还会被洪水吞噬。到头来，只会妻离子散。

故事中的洪水是人生的逆境，而妻子与儿子则比喻的是人的梦想。如果梦想基于实际，不管多么高大，多么遥不可及，都有可能实现；如果梦想犹如空中楼阁，不管描绘的多么美丽，我们都触不可及。

人生就像登高望远，远处的风景就是梦想。我们朝着远处云层中的山峰迈进之时，首先要确定那是一座可以抵达的山峰。有了目标才有信念，才能一步一个脚印前进。但如果眼前的山峰是海市蜃楼，那么就算走到天涯海角，海枯石烂，都无法抵达。

什么是梦想？梦想是美梦与想象。这场美梦必须是基于现实的景物想象出来的，绝不能脱离现实。否则我们付出再多的努力，这场美梦都不可能实现。它犹如昙花一现，仿佛出现过，仿佛又没有出现。我们在设定自己的梦想时，一定要从实际出发，不要将梦想设定得过高或不切实际，只有将梦想设定得碰得着摸得到，那样才会有意义，才能感受到为梦想而奋斗的价值。

一名没有读过书，刚刚走出山村的青年从小就有一个梦想，希望自己能成为一名富商，干出一番大事业。他带着一笔生活费来到大城市，他发现做任何生意都需要本钱，可是他的钱屈指可数，根本做不成生意。

青年暂时放弃了自己当老板的梦想，他将梦想退了一步，想要凭着自己的能力做一名企业高管，如总经理。于是，青年与无数的名牌毕业生一样挤入了人才市场。然而，没有经验，没有学历，没有知识的他，没有一点竞争优势。没有一家企业想要聘用他。尤其是，当企业的招聘人员听到青年的职位要求时，全都用不可思议的眼神看着他。

兜兜转转一个月，青年身上的钱快没有了。他又将自己的梦想降低了标准，希望可以在一家企业当一名管理中层。可是，即便他降低了标准，也依然没有公司聘用他。后来，青年又调低了梦想，希望当一名企业的底层文员。但不会计算机，不懂英语的他，依然被拒于门外。

就这样，青年身上的钱用完了，他始终没有找到一份工作。无奈之下，青年回到了家乡。他的父亲看到他破破烂烂地回到家，一点也不意外。父亲语重心长地对青年说："你有远大的梦想，这固然是好事，但是你的梦想要基于实际，你要明白一个道理，一个人的能力与梦想是相辅相成的。你应该要先设定一个你触摸得到的梦想，等这个梦想实现后，再设定其他大一点的梦想。"

父亲的话给了青年启示，他回到大城市后，梦想是进一家工厂当工人。青年进入工厂后，他又将梦想设定为凭着自己的努力成为一名车间主任。之后，青年一步一个脚印，成为车间主任后，又成为工厂中层、高层。等积累一笔资金后，才开始追逐他最初的梦想。

这个世界上，有很多"燕雀安知鸿鹄之志"的壮志难酬之人，他们将自己的梦想制定得太高，太虚无缥缈，以至于付出了太多精力，蹉跎了太多岁月，都没有碰触到梦想的边边角角。

高山不能一步登顶，汪洋不能一跃到岸，梦想也不能一步登天。只有丢掉那些不切实际的理想，基于现实，从简单开始，才能一步一步走向梦想的彼岸。

镜花水月，意境虽美，但终究是一场空；云端高阳，虽遥不可及，但终究是实景。你的梦想可以遥不可及，也可以不可思议，但绝不可以虚无缥缈，没有尺度，否则历经千辛万苦，最后还是"竹篮打水一场空"。

慢慢来，别总想一口吃个胖子

青年是一个很有梦想的人，也一直为实现自己的梦想而努力。可是，几年下来，他依然一事无成。青年既烦恼又着急，便找德高望重的智者诉说烦恼。

青年说："智者，我比别人勤奋努力，别人都实现梦想了，我的梦想为什么还那么遥不可及？"

智者听后，笑着对青年说："你去河边帮我打一壶水。"

青年疑惑，但还是听从智者的话，从河边打来满满一壶水。

这时，智者又对青年说："来，你帮我把这壶水烧开。"

青年环顾了一下屋子，发现墙角有一个小灶，可灶边没有柴火。他从外面捡了一些枯树枝回来，把装满水的壶放在小灶上烧了起来。可是茶壶太大，水又太多，以至于捡来的枯树枝烧完了，水还没有烧开。于是，他又跑出去捡柴火。等回来后，茶壶里烧热的水又凉了。

这一次，他没有急于点火，而是等柴火准备充分后才点。

智者这时问青年："如果没有足够的柴火，你该怎么把水烧开？"

青年想了一番，摇头说："不知道。"

智者说："如果把水壶里的水倒掉一些，是不是就能烧开呢？"

青年听后，认同地点了点头。

智者接着说："你的梦想就如同你打来的满满一壶水，你没有足够的柴火，怎么能将水烧开呢？把水烧开的方法有两个，一个是你倒出一些水，一个是你准备好足够的柴火。"

青年听后，恍然大悟。原先，他的梦想太大，想要实现，自然要花比别人更多的精力。智者的话给了他点播，他把自己的大梦想分为一个个小梦想，经过努力，果然一个个实现了，并最终实现了大梦想。

梦想就如同智者茶壶里的水，水太满，自然要花费更多的柴火和时间才能烧开。梦想太大，自然也要花费更多的时间与精力才能实现。实现梦想的过程就像是吃一块牛排，牛排那么大，我们不可能一下子吃进嘴里，只有用刀将牛排切成一块块小块，我们才能将它全都吃进肚子里。

梦想对每一个人来说都是遥远的，它就像是一个放置在九十九层台阶上的宝盒，想要一步登上台阶取宝盒，无疑是痴人说梦，只有一步一步爬上去，才能把宝盒取走。因此，我们可以将梦想分割为一个个小梦想，并且给这些小梦想排个先后顺序，按照顺序去实现小梦想，大梦想才会有条不紊，稳步实现。

旧金山与迈阿密市相隔万里，乘坐飞机也要数个小时。一位八十多岁的老人选择徒步从旧金山走到迈阿密市。神奇的是，他跨越千山万水，克服重重困难，终于抵达了迈阿密市。老人的这趟旅行让很多人佩服，大家都很好奇，这样一位年岁已高的老者是怎么鼓起勇气进行这场说走就走的旅行的？在旅途中遇到的艰难有没有吓退过他？要知道，这趟徒步之旅对年轻人来说也是艰辛而困难的。

老人对人回忆说："如果单看旧金山与迈阿密市的距离，那无疑是一段漫长的旅程。但是，我将这段漫长的旅程划分为一段段小旅程。"

原来，从旧金山出发时，老人将目标定在了下一个小镇。这么看，这段路程并不算长，让老人有走下去的勇气和动力。等老人抵达小镇后，又会将下一个小镇作为他接下来要抵达的地点。就这样，老人按照计划，一个小镇接着一个小镇走，终于从旧金山走到了迈阿密市，完成了这次不可思议的徒步之旅。

跋山涉水，走千万里路，这绝对需要勇气与毅力。但走一步路却不需要勇气，先走了一步，再接着走一步，一步一步走下去，就很容易抵达地点。就像一个游泳健将，他想要游过一个海峡，如果直接将目光放在海峡对岸，那么无疑会觉得自己面临的是巨大的、难以完成的挑战，但如果他将这条海峡划分为一个个一百米，一个接一个游过去，似乎也没有那么难以挑战。我们每个人的梦想也一样，它不可能一下子实现，它也需要一个积累的过程。

冰冻三尺非一日之寒，滴水穿石非一日之功。世间万事万物的形成，都需要经过长时间的积累与酝酿。同样，我们的梦想是一个需要积累的过程，绝非一日就能达成。实现梦想就如同吃东西，胃很小，一次只能容下一条鱼。

最朦胧的新纪元，就是今天

我们为什么会拿杯子？为什么会往杯子里倒水？或许你觉得这个问题很简单，可在一堂课上，学生们却因为这个问题讨论了很久。

在课堂上，教授拿出了一个玻璃杯，往里面倒了一杯水。然后问自己的学生：“你们知道我为什么要倒水吗？”

学生们面面相觑，不知道教授要做什么。一个学生试探着回答：“您想要让我们目测一下这杯水的重量？”

教授没有回答，而是反问道：“那你觉得这杯水有多重呢？”

这个学生回答：“大概有二十克吧！”

其他学生也参与进来，提出了不同的看法：

“水的密度很大的，这杯水看起来有五百克！”

“可是这杯子这么小，没有那么重。我觉得最多也就二百克！”

……

学生们讨论了很长时间，可是谁也没有一个定论。教授没有说话，微笑地看着他们。这时，一个学生站了起来，说道：“仅仅是观察，我们是无法知道它的重量的。为什么不感受一下呢？”于是这个学生走上讲台，用手端着杯子感受。

过了一会儿，教授笑着说："你感觉到它的重量了吗？"

这个学生认真地回答："时间太短了，我想多感受一会儿。"

可那个学生端着杯子好一会儿也没能估算出重量来，还弄得自己的手臂发酸、发麻。最后教授只能让这个学生放下杯子，回到自己的座位上。

然后，教授端起杯子，一口喝掉了杯子里的水。学生们愣住了，不可思议地看着教授。

这时，教授说："我为什么要往这个杯子里倒水？只不过是因为口渴了，想要喝水而已。这是一个非常简单的问题，为什么你们要弄得这样复杂呢。口渴了就要喝水，什么时候口渴，什么时候就端起杯子。像刚才那个学生那样一直端着杯子，却想着其他的事情，只能让问题越来越复杂。"

教授是充满智慧的，他通过一个简单的事情告诉了学生们一个深刻的道理。那就是很多事情原本非常简单，只是我们自己把问题想复杂了而已。

其实，我们人生中也有这样一个隐形的杯子，总是让我们围绕着它想各种各样的问题。然而人生很短，想远了，就会觉得异常漫长；生活也很简单，想多了，就会觉得异常复杂。我们需要着眼于今天，把握好今天。

昨天的事情过去了，无从改变；明天的事情还未到来，无从计划。只有今天是我们能够把握的，过好今天，好好地享受今天，才能听到幸福在敲门。只有按照自己的步调，过好每一天，让每一天都变得更精彩，才是对自己最好的交代。

然而，现实生活中总是有这样的人，他们不是在追悔昨天，就是在担心明天。因为昨天的失败而悲伤，因为明天的未知而彷徨。结果，只能让自己陷入无尽的烦恼和忧愁之中，错过了今天的美景。斯宾塞·约翰逊在《礼物》中讲述了一个故事，就告诉了我们这样的道理。

故事中有一个智慧老人，他时常告诉一个孩子，这个世界有一个特别的礼物，可以让你获得更多的快乐和成功。但是这个礼物并不能从别人手里得到，只能依靠自己的力量才能找到。

为了这个特别的礼物，这个孩子开始了苦苦的寻找，从童年到青年。可是，他用尽了所有的办法，走遍了所有的地方，依然没有找到礼物的踪影。越是找不到，他就越拼命寻找；越是拼命寻找，就越感觉不到生活的快乐。

后来，这个孩子放弃了，开始过自己的生活。就在这个时候，他赫然发现自己苦苦寻找的东西竟然就在自己的眼前。这个人生最好、最特别的礼物就是——此刻。

有时，我们就像这个孩子一样，苦苦地追寻那个特殊的礼物。殊不知，这个礼物早就在我们的身边，而我们也在寻找的过程中错失了最为珍贵的东西。

生活的精彩，就在于当下的精彩；人生的幸福，就在于珍惜今天的幸福。一辈子说长不长，说短也不短，如果我们总是想得太多、太远，怀念过去，等待明天，那么心中难免会有各种顾虑。

我们所要做的就是，过好今天，过好眼前的日子。珍惜今天，珍惜每一天，不要让今天成为另一个“遗憾”的昨天。这样每天积累下来，才是最精彩和充实的人生。

CHAPTER · 05
卑微到了尘埃里，也要努力开出花来

一个真正勇敢的人，越为环境所迫，反而越加激昂。他对于任何困难、障碍、轻视、嘲笑，都可以嗤之以鼻。每一个卑微的人，都可以努力在岁月中破茧成蝶，你要坚信，终有一天你会破茧而出，成长得比自己想象得还要美丽。

纵使人生荒芜，也要内心繁华

一位睿智的老师想要教授学生如何获得成功的秘诀，于是他带着这个学生来到一个偏远的穷山村，找到了村里最贫穷的人家。

这户人家只有一处破败不堪的小院子，矮小破败的茅草房随时都有坍塌的可能。房间内空间非常狭小，没有一件摆设，土炕上铺着破旧的席子。可就是这样的房间却住着他们一家八口人，父母、四个孩子，还有孩子的爷爷奶奶。

尽管如此，这家人还是热情地招待了这位老师和学生，给他们挤了新鲜的牛奶，为他们准备了足够果腹的食物。

谈话中，男主人感慨地说："好在我们家有一头奶牛，可以给孩子们提供些食物，可以用牛奶来换些钱。要不然，我们的生活真不知道该如何过下去。"

夜晚时分，夜深人静。学生看着这破败的房子，再看看屋外的奶牛，感慨地说："这奶牛可是这家人的命根子啊！真不知道，失去了这唯一的命根子，他们将如何生活下去！"

听了学生的话，老师并没有说什么，而是拿起一把匕首，慢慢地朝那头奶牛走去。学生开始有些迷惑，但是看到老师的举动后，他惊呆了。原来老师竟然用手里的匕首刺入了那头奶牛的喉咙。随后，这头可怜的奶牛慢慢地瘫倒在地，流血而亡。

第二天早上，一家人因为失去了唯一的依靠而悲痛大哭，呼喊着："谁杀了我的牛！""谁杀了我的牛！"

一年之后，老师突然对学生说："我们去那个小村子看看吧，看看那户人家过得怎么样。"说实话，学生真不敢回到那里，但还是遵从了老师的建议，忐忑不安地踏上了旅程。

几天后，他们来到了那个偏远的小村庄，却怎么也没有找到那破旧不堪的房子。在原来的地方，出现了一座新建的漂亮房子。

学生以为那户人家遭遇了不测，而这座房子是村里有钱的人建造的，所以内心感到非常愧疚和伤心。正当他准备离开的时候，老师平静地说："你为什么不敲敲门，看看里面住着什么人？"

学生照做了，只见开门的是一位中年男子，精神抖擞，神采奕奕，身上还穿着干净整齐的衣服。这男子一眼就认出学生和老师，高兴地邀请他们进门。这时学生才发现，这男子正是那破房子的主人。

学生简直不敢相信，这短短的一年里，男子发生了如此巨大的变化。他激动地问道："这是你们的新家吗？你们怎么建造了如此漂亮的房子？"

男子笑了笑，说道："奶牛被杀死之后，我们全家陷入了悲伤和绝望之中。失去了唯一的命根子，我们该怎么活啊！可是，我知道我不能坐着等死，更不能让老人和孩子饿死。我得做点事情，想办法养活自己的父母和孩子。于是，我们在房子后面开辟了一小块空地，利用仅剩的一点钱买了菜种，种起了蔬菜。"

男子看到学生露出惊讶的表情，继续说道："在最初几个月，我们只是靠着这些蔬菜活了下来。过了一段时间，我发现地里的蔬菜长得异常好，除了够我们食用，还能余下很多。于是，我们便把这些蔬菜拿到不远处的市集上卖，换取其他的食物和用品。接下来，我们开辟了更多的土地，种了更多种蔬菜……慢慢地，我们的生活变得越来越好，还建造了新的房子。”

听到这里，学生终于明白了老师想要告诉自己的道理。那头奶牛的死，对于这家人来说，虽然是天大的打击，但是绝不是一家人生活的终结。恰恰相反，这反而成为他们开始新生活的转机。如果他依旧靠着那头奶牛度日，恐怕永远也无法走出贫穷。

很多时候，我们仅剩下唯一的救命稻草，但是更多时候我们输就输在这唯一的救命稻草之上。因为有了救命稻草，我们就会把它看作唯一的依靠，就会保守地维护着眼前的生活。就像故事中的那家人一样，我们已经习惯于依赖它，所以根本没有想到要改变现状，更不敢改变现状，结果生活变得越来越糟糕。

可是当我们失去这棵救命稻草的时候，也是我们迎来新的生活之时。因为我们已经变得一无所有了，已经没有任何依靠和顾及了，所以我们必须想办法寻找新的出路，想办法寻找新的机会。这也给了我们重新开始的机会和勇气。

简单来说，当我们一无所有的时候，就是迎来新转机的时候；当我们一无所有的时候，就是开始新生活的时候。只要我们不让自己陷入绝望之中，只要我们积极寻求解决问题的办法，就可以走向成功。

就像很多人说的，人们往往怕的不是绝境，而是被夺走希望和信心。就算人生荒芜，内心也要繁华；就算失去了最后的依靠，也要豁出一切，向着希望前行。只要我们坦然接受，依然肯努力，那么就可以有拼搏的资本，并且拼出人生的精彩。

对梦想而言，没有卑微这回事

有一只美丽的飞蛾，它每天都无忧无虑地飞翔在天地间，享受着大自然赐予它的生命。起初，它很快乐，因为每天都能看到各种美丽的风景。渐渐地，它发现世界虽然很美，但似乎只有它一个生命，孤独使它再也感觉不到快乐了。

就这样，飞蛾浑浑噩噩地虚度生命，每天没有目标地飞翔着。可它又觉得，生命如此宝贵，不应该虚度光阴才对。于是，它有了梦想，就是寻找伙伴。

忽然有一天，天空降下一道闪电。闪电劈中了一根死去的枯木，一簇火焰冉冉升起。

飞蛾看到跳跃的火焰后，激动极了，它灰暗的世界终于变成彩色的了。飞蛾兴高采烈地围着火焰翩翩起舞，对火焰诉说着自己的孤独，诉说着遇见火焰的欢乐。最后，飞蛾询问火焰是否愿意与它做朋友。

火焰并不会回答，它剧烈地燃烧着，四射的火焰像是在表达它的热情，也像是在告诉飞蛾，它愿意与它交朋友。

飞蛾感受到了火焰的热情，它开心地朝火焰飞去。然而，火焰炙热的温度灼得飞蛾难以靠近。就这样，飞蛾一直围着火焰打转。飞蛾心里很难过，它那么想与火焰做朋友，可是却又胆小得不敢靠近。

渐渐地，火焰变小了很多，也不再如先前那般剧烈地跳跃。飞蛾很着急，它想，是不是因为它不敢靠近火焰，火焰要离开，不想再跟它做朋友了？又过了几天，火焰越来越小，这让飞蛾更加确定了自己的猜测。

飞蛾为自己的懦弱而羞愧，它明明那么渴望与火焰成为朋友，却因为火焰的炙热而不敢靠近它。飞蛾想到了自己的梦想，它不再退缩，猛地扑到了火焰的怀里，给了火焰一个拥抱。顷刻间，飞蛾化成了烟灰。

飞蛾扑火，在人们看来，是一种愚不可及的行为。但细细思虑，飞蛾又那么勇敢无畏，它虽卑微弱小，但却敢于追逐和实现梦想，哪怕最后付出的代价非常惨重。对一个人来说，梦想是一种精神支柱，有梦想才不会成为行尸走肉。

蚂蚁的梦想是囤更多的食物；马儿的梦想是寻找一片安宁的草原；农夫的梦想是一年风调雨顺；国王的梦想是开疆拓土，四海安宁。梦想不分大小，不分贵贱，世间万物都能拥有梦想。有梦想的人才是可敬的，因为那是属于自己的财富。梦想是永恒的，即使我们健康被剥夺，自由被剥夺，但梦想却无法被剥夺。

没有人在追逐梦想时是一帆风顺的，梦想的旅途中有太多的荆棘。我们只有披荆斩棘，勇敢向前，不惧任何挫折和困难，梦想才能实现。

丽莎是一名菲佣，家庭的贫穷使她没有受过多少教育。不过，丽莎从小就有一个梦想，就是当一名摄影师，举办个人影展。然而，丽莎的父母都身患重病，需要高昂的医药费，她不得不将大部分酬薪给父母，自己只留下一小部分生活。

摄影器材非常昂贵，丽莎根本买不起。但她并不气馁，她省吃俭用整整五年，终于买了一台二手的照相机。她带着照相机找了一个外景，接连拍了很多张。然而，相片洗出来后，她一点也不满意。因为照片上的景实在太普通了，让人产生不出要去看一看的念头。

丽莎为了能拍出有灵魂的照片，她买了很多有关拍摄技巧的书籍，一有空闲，就去参观别人的影展，学习别人的长处。而买书和参观影展都需要钱，以至于她佣人的工作结束后，还跑去夜市给人洗盘子赚外快。

当然，这些都不是最艰苦的，最艰苦的是面对他人异样的眼光。有一回，丽莎去街头取景，有的女人以为她是在拍她，便拎着包去追打她。其实，丽莎是被冤枉的，她并不是想拍对方，只是恰好对方出现在她的照相机视野中。但对路人来说，一个穿着寒酸的菲佣拿着照相机对准自己，怎么看都觉得可疑。可见，丽莎的摄影之路走得有多么艰难。

经过多年的自学，丽莎掌握了拍摄的技巧，拍摄出来的作品带有她独有的风格。她的作品渐渐受到了人们的喜爱与关注，越来越多的人认识到了这位菲律宾籍的摄影师。后来，丽莎也如愿举办了个人影展。

从菲佣到职业摄影师，这个梦想在普通人看来，是遥不可及的，这中间存在着难以逾越的障碍。但是丽莎很勇敢，她一步步提升自己的实力，最终实现了梦想。很多人在追逐梦想时，都会遇到挫折，会被现实压弯了腰。但压弯腰不可怕，可怕的是压断支撑身体站立的脊柱，梦想的信念破碎的话，那么梦想绝不可能会实现。

梦想不需要成本，只要有思想，随时随地都能制造出梦想。但我们在追逐梦想时，需要有成本，这里的成本就是自我努力。世间万物都遵守能量守恒定律，梦想有多大，就需要对等的努力。纵观古今，所有实现梦想的人，无一不付出了努力。只要定好目标，一直努力，最终都会守得云开见月明。

飞蛾扑火，虽自取灭亡，但却追逐到了它的火光；夸父追日，虽疲惫而亡，但却与太阳相伴到生命的尽头。梦想不分大小，不分贵贱，不分对象，即使再卑微的生命也有实现梦想的可能。

做自己的主人，扼住命运的咽喉

夕阳下，庭院里。小花猫正在嬉戏玩耍，追逐着自己的尾巴。可是它跑了一圈又一圈，依然没有能够抓住自己的尾巴。

大花猫看见了，好奇地问道："你为什么在追逐自己的尾巴？"

小花猫停了下来，说："我听说，对于一只猫来说，最美好的事情就是找到自己的幸福。而对于我来说，幸福就是我的尾巴。所以，我要用尽全力去追逐它，只要我抓住了它，就可以拥有幸福。"

"你真是一个傻孩子。"大花猫笑着说。

小花猫不理解，大花猫接着说："在我像你这么大的时候，也曾经认为幸福就在我自己的尾巴上。于是，我每天都追着它跑。可是后来我发现，不管我怎么追逐，永远也追不上它。我越是拼命地追逐，它就越是逃离我。于是我放弃了，结果呢？"

小花猫着急地问道："结果怎样呢？"

大花猫笑着说："当我开始做自己的事情，不再想着追逐它的时候，才发现原来它始终跟在我后面。不管我走到哪里，它都始终跟着我。"

我们的幸福也好像是猫的尾巴，命运就把它安排在我们的身后。

很多时候，我们拼命地想要找寻自己的幸福，可就像小花猫一样怎么也抓不到。但是当我们做好自己，做好自己的事情时，幸福就悄然地来到我们身后了。

人生需要拼搏和追寻，但是同时也需要做好自己。做好自己，那么你的命运就不是上天注定的了。做自己的主人，你自己就可以决定自己的命运和人生。

小女孩丽莎只有八岁，却非常喜欢表演。在家里她时常和妈妈做角色扮演的游戏，小公主、小红帽、长发姑娘，这些都是她喜欢的角色。

圣诞节前夕，所有人都准备着庆祝活动。丽莎的学校也准备了盛大的庆祝活动，并且要排演一个大型的话剧——圣诞前夜。丽莎感觉自己有展现能力的机会了，于是便积极地报名了。

在爸爸妈妈的陪伴下，丽莎来到了面试地点。她被录取了，不过不是演主角，甚至连配角都不是，她只能扮演一只小狗。

丽莎失望极了，她不知道事情为什么会这样，也不知道自己哪里出了问题。

妈妈看到丽莎伤心的样子，和丽莎聊了起来："丽莎，这没有什么伤心的。你得到了一个角色，不是吗？"

丽莎一边哽咽着一边说道："妈妈，你别安慰我了，我只能演一只小狗。没有一句台词，只能汪汪叫！"

妈妈看着丽莎，神情变得严肃起来。她对女儿说："你为什么会有这种想法？其实，舞台上没有小角色，每一个角色都非常重要。即便是最小的角色，也只有用心地演，才能够演好；只要用心地演，也可以演得精彩。"

丽莎停止了哭泣，问妈妈："真的是这样吗？"

妈妈笑着说："没错，其实你完全可以用主演的心态去演戏。只要你演得好，就算是一只小狗，也可以让你成为主演。记住一句话，只要拥有主演的心态，你就是主演。”

听了妈妈的话，丽莎陷入了沉思。很长时间之后，她笑着对妈妈说：“对啊！我只是喜欢表演，只是想要上台展现自己，而不是一定要当主角！我不应该看不起那只小狗，因为它是我第一次真正的演出。”

从那以后，丽莎再也没有因为演一只小狗而哭泣过，而是全身心地投入排练之中。私下里，她也不断琢磨小狗的形态，练习小狗的叫声。

很快圣诞节到来了，丽莎的用心演出赢得了很多人的掌声。舞台下，很多人被她可爱的神态和逼真的叫声所吸引，她的风采甚至盖过了主角。而当听到人们的夸奖时，丽莎激动得留下了喜悦的眼泪。

人生的舞台上，每个人都扮演着自己，但是不管你是光彩照人的大人物，还是默默无闻的小人物，不管你是主角还是配角，都不应该看不起自己。只要演好了自己，努力地做好自己，你就能赢得他人的喝彩，过上精彩的人生。

卡耐基曾经说过一段耐人寻味的话：“发现你自己，你就是你。记住，地球上没有和你一样的人……在这个世界上，你是一种独特的存在。你只能以自己的方式歌唱，只能以自己的方式绘画。不论好坏与否，你只能耕耘自己的小园地；不论好坏与否，你只能在生命的乐章中奏出自己的发音符。”

最成功的人生并不在于你拥有了多少东西，也不在于你是否是主角，而在于你是否能做自己的主人，是否能努力活出自己的人生价值。做好了自己，你便扼住了命运的咽喉，掌控了自己的人生。

你的能力，要用行动展现出来

你是否有一个须臾不忘的念头？是否有一个从小就立下的志愿？若有，这个念头或志愿是否实现了？

十八岁的时候，他有一个美好的梦想，想要考上最好的大学，走出这个落后贫穷的小山村。幸运的是，这个梦想并不遥远，因为他的成绩还算不错，几乎门门优秀。当然，除了让他头疼的数学。

他发誓要把数学成绩提上去，可看到那些令人头疼的数字，就产生了放弃的想法，努力了几天便再也没有坚持。结果，因为数学成绩严重拉分，他只考上了一所三流大学。

转眼几年过去了，他已经二十五岁了。他喜欢上一个美丽温柔的女孩，希望迎娶她为妻子。本来这个想法也并不过分，因为他长得还算帅气，工作也不算差。然而，他又陷入了自卑之中，觉得自己家里贫穷，工资不高，给不了姑娘想要的幸福。

于是，多次想要告白，却在最后关头放弃了。结果，那个心仪已久的女孩成为别人的女朋友，而他只能暗自神伤。

三十岁那年，他不想再过这样普通平凡的生活，想要成为有钱人。

这个想法非常好，也不算是痴心妄想。因为他非常聪明，市场嗅觉也敏锐，而且还发现了一个可以赚钱的项目。

只要他这次大胆地去做，抓住这个机会，就可以跻身有钱人的行列。可他又退缩了，思索再三，一再权衡，结果很多人赚到了很多钱，而他却依旧过着穷日子。

人生真的非常短暂，几十年的时间匆匆就过去了。这一年，他整整六十岁了，到了花甲之年。他想自己辛苦了一辈子，也没有真正见识过外面的世界，为什么不趁着现在还算硬朗，到各处去走走呢？没错，这一次他的想法依旧落空了。

人活一辈子，总是有很多想要实现的目标，有很多想要去做的事情，可如果只是想，却没有付出行动，那么什么也做不成。故事中的他就是如此，想法很多，可是实现的却很少，徒徒虚度了年华。

人与人之所以有所不同，就是因为各自的选择有所不同。选择正确了，成功就在眼前；而选择错误了，就只能等到失败。但不管是什么样的选择，若是只说不做或只想不做，就永远也成功不了。

古人言："吾尝终日而思矣，不如须臾之所学。"的确，行动永远都胜于空想，行动才是最真实的。你的能力，需要通过行动展现出来；你的梦想，也需要通过行动来实现。一个人，只有积极地行动，脚踏实地去努力奋斗，才能让自己变得越来越优秀，从而实现自己的想法和愿望。

生活中那些取得了成功的人，不仅在于他们制订了非常完美的计划，而且因为他们付出了持续的实际行动；生活中那些获得了幸福的人，不仅是因为他们向往美好的生活，而且他们也付出了自己的努力。

在美国，有一位著名的成功学家叫格林，他在为人们演讲的时候总是喜欢开玩笑，说美国最大的联邦快递公司是他发明的。

可事实上，联邦快递的总裁并不是格林，这是怎么一回事呢？

格林年轻的时候，做着普通而琐碎的工作，其中一项工作就是每天都需要把文件从一个城市送到另一个城市。这个工作让他感到非常苦恼，当时他想要是有一种服务能够帮助自己送文件，并且在二十四小时之内到达目的地，那该多好啊！

这个想法一直盘踞在他的脑海，但是他却一直都没有付诸行动。直到后来，一个名叫弗列德·史密斯的人创办了联邦快递，把这个想法转变为实际行动，他才后悔莫及。

后来，格林成为一名成功学家。当然，这成功正是不断行动的结果。他时常说："这件事情于我而言，是一个深刻的教训，使我明白有了好的想法就要赶紧采取行动，千万不能只说不做，否则成功便会与自己擦肩而过。"

好的想法是可贵的，但是没有行动，再好的想法也不过是空想而已。有好想法却始终不肯付出行动，不管理由是什么，结果只能是失去原本可以实现的成功和荣誉。

空想家和实干家，谁更胜一筹呢？不言而喻。而你想要成为哪一种人呢？

失败只有一种，那就是半途而废

一位很了不起的推销大师，经历几十年的努力和奋斗，终于获得了辉煌的成就。

后来，他不再推销各种产品，而是致力于推销成功秘诀，希望把自己多年积累的推销技巧传授给别人。几年的时间，他举行了上百次演说，同时也帮助无数销售人员走上了成功的道路。

有一次，这位销售大师受某个公司的邀请，为员工们进行一场演说。所有员工听闻推销大师的到来，都早早地来到会堂，希望能够学习他的推销经验。

演讲开始了，推销大师在舞台中央摆放了一个架子，架子上吊着一个巨大的铁球。他向台下观众深深地鞠了一躬，赢得了热烈的掌声。简单的寒暄之后，他说："大家一定很奇怪吧，我为什么要在舞台上放这个大铁球呢？看了下面的实验，大家就会知晓。"

随后，推销大师邀请了两位强壮的员工，并且给了他们两个大铁锥，然后对他们说："你们要大力敲打铁球，直到它们能够荡起来为止。"

听完推销大师的话，这两位员工信心满满，跃跃欲试。他们觉得凭借自己的力气，肯定能够轻易地让铁球荡起来。可奇怪的是，尽管他们用力地敲打，但铁球依旧纹丝不动，还将他们的手震得发麻。他们尝试了很多次，铁球都没有丝毫晃动，最终两位员工只能放弃，挫败地回到听众席。

推销大师没有说什么话，只是从口袋里掏出了一个小铁锤，然后对着铁球轻轻地敲了一下。看到这样的情形，台下的员工都好奇地议论起来："这小铁锤怎么能敲动如此大的铁球？""大师这是在干什么？"

可是，销售大师并没有理会这些，就这样敲一下，停一下，整个过程持续了整整三十分钟！最开始的十分钟，员工们议论纷纷，但还是很淡定；二十分钟的时候，一些人不耐烦了；到三十分钟的时候，整个会场都开始骚动，甚至有人想要离开。突然，一个坐在前排的人惊讶地大喊："那铁球动了！"

一瞬间，整个会场安静了下来，所有人都难以置信地盯着那个铁球。只见铁球竟然真的摆动起来，虽然摆动的幅度很小。再看看这位销售大师，他并没有停止自己的动作，依旧不断地打着铁球。过了一段时间后，铁球大幅度地摆动起来，而且越荡越高。顿时，全场爆发出热烈的掌声。

这就是所谓的蝴蝶效应。虽然很多人都认为蝴蝶飞不过沧海，但没人知道蝴蝶在大洋彼岸扇动翅膀的影响力有多大！

这位销售大师并没有给这些员工讲什么大道理，也没有教授什么成功的秘诀，但是却用一个简单的实验说明了一个简单而又深奥的道理。那就是任何成功都不是一蹴而就的，都需要长期的坚持和不懈的努力。即便你拥有卓越的能力，但是如果不能坚持，那么只能以失败告终。可是就算你的力量很小，能力很普通，只要能够坚持不懈，经过长久的积累，便可以获得成功。

坚持，说起来简单，但是做起来却非常艰难。要不然，怎么那么多人失败了，怎么那么多人半途而废。努力和坚持，并不一定让你成功，但是一定不会让你成为平庸者；而不坚持，就只有一种可能——失败。

所以，所有的成功都是积累而来的。没有人能够一步跨过沧海，但是哪怕你只有一叶扁舟，只要懂得了坚持的意义，也能到达成功的彼岸。

荒芜的山野间，只有一条小路可以通行。小路两边都是杂草与乔木，而且越往里，景色就越荒凉。

可就在一个转弯之处，一大片黄色水仙映入人们的眼帘。这水仙姿态各异，争相怒放，在这荒野之间显得如此娇艳，如此美丽。美丽的水仙之间，夹杂着一片紫色的风信子，犹如美丽的水晶点缀其间。在黄色的花海之后，是粉色的郁金香，它们随着微风慢慢地摇曳着。

人们沉浸在这美丽的景色之中，突然几只美丽的鸟儿掠过花丛，好像在为这片美景增添一些生趣。

究竟是谁造就了这美丽的花海？

在花海的中央，有一座小木屋，这里就有我们寻找的答案。只见这小木屋的门上写下了一行字：我知道您要问什么，这里就是您想要的答案。第一个答案是，一个女孩和一点看法；第二个答案是，一点点时间；第三个答案是，从二十岁到六十岁。

没错，一个平凡的女孩，因为一点点想法坚持不懈地努力了四十年，终于创造了这美丽的人间仙境，也创造了一个美丽的奇迹。

小小的水滴，虽然力量微小，当经过长年累月的坚持，却能滴穿坚硬的石头。我们也是如此，即便我们力量微小，但是只要有坚持的信心，不退缩，不半途而废，那么就可以走到心中的目的地。

这个世界上最容易的事情是坚持，最难的事情也是坚持。说它容易，是因为只要心中有信念，每个人都可以做到；说它难，是因为真正能够坚持下来的人，实在是太少了。

所以，即便你没有什么鸿鹄之志，也该有自己的幸福和未来。做一个努力坚持的人，不半途而废，就可以迎来未来的美好。

用持续的激情，燃烧你的生命

河边的沙滩上，一粒沙和所有的伙伴一样，每天经历着河水的冲刷。一天，这粒沙被冲到河底，一不小心被一个河蚌吞了下去。

沙子进入河蚌的身体后，它感觉四周黑漆漆的，又热又闷，非常不舒服。它四下环顾，想要找到出去的办法。突然，它发现自己身边竟然还有一粒沙，显然，这个沙粒比自己更早进来。

这粒沙问道："你什么时候进来的？"

对方回答说："我也不是很清楚，大概有几天了吧。"

这粒沙继续问道："这里难道就没有出口吗？你为什么不想办法出去？难道我们就永远也出不去了？"

对方回答说："当然不是，如果你想要出去，只要等待它张嘴就可以了。它一张嘴，你就可以出去了。"

这粒沙不解地问道："那你为什么还在这里？你为什么不逃跑？"

对方听了这话，认真地说："我听说，只要我们坚持待在蚌壳里，就会成为珍珠。我不想再做一颗平凡的沙粒，我要成为一颗珍珠。我是自己主动进来的，并且还要继续待下去！"

这粒沙哈哈大笑，嘲讽地说道："你别开玩笑了！你竟然想成为珍珠？这真是太可笑了！沙子就是沙子，永远也成不了珍珠的。我看你真是疯了！"

另一粒沙却坚持说："我相信，只要我能坚持在里面待着，一定会蜕变成珍珠的！"

这时，河蚌打开了蚌壳，这粒沙立即趁机逃了出去。临走前，它大声地喊道："那你就在这里待着吧！我才不要和你一样在这儿发疯呢！"之后，它回到了河底，继续跟随着河水四处流荡。

而那粒沙却坚持自己的想法，虽然每天有无数的沙子进来出去，但是它却依旧坚守在蚌壳内。几年的时间过去了，之前的那粒沙早就不知去处，而蚌壳里的那粒沙竟真的成为一颗巨大的珍珠，绽放着璀璨的光芒。一天，它被人们发现了，之后它出现在珠宝店里，再后来它成为女王皇冠上最耀眼的珍珠。

任何东西都需要时间的磨砺，都需要持久的热情。一颗最普通的沙粒成为最耀眼的珍珠，这其中的奥秘就在于坚持和激情。

每个人都有成为珍珠的机会，但不是每个人都能成为珍珠。很多人羡慕珍珠的璀璨和耀眼，但是却忽略了它从平凡的沙粒蜕变成珍珠的过程。就好像很多人羡慕成功者的荣耀和财富，却忽略了他们从普通到卓越所付出的激情和坚守一样。

持久的激情是人生必不可少的，但往往是很多人缺少的。他们渴望成功，羡慕成功，但是崇尚的却是一夜暴富，认为这样的成功最具说服力。然而他们却忽视了一个道理，那就是成功不是一朝一夕的事情，更不是投机取巧能够得来的。

就像烧开水需要持续加热一样，成功也需要持续的激情。富有持续的激情，痛苦就会过去，获得重新开始的机会；富有持续的激情，就会迎来雨过天晴，看到美丽的彩虹。不管前方到底还有多少未知的困难，只要你内心坚定，用持续的激情燃烧生命，那么时间就会给你想要的答案。

一个喜欢探险的美国人，和妻子、孩子开车去沙漠远足。为了更好地体验探险的乐趣，他们没有走人多的大路，而是选择了一条荒芜的小路。

不幸的是，他们刚走不远就迷路了，由于汽车通信设备出现了故障，又没有人知道他们走了小路，因此他们陷入了无人支援的困境。更不幸的是，冰箱里的冷冻水也因为意外而全部洒掉了。

在炎热的沙漠里，他们的皮肤几乎被烤裂了。夫妻两人让孩子躲在汽车的阴影下，但是这并不能缓解孩子的不适。后来，他们发现沙漠深处还有些湿气，于是便挖了一个大坑，把孩子的身体埋进沙子里，然后用毛巾把孩子的脸捂上。

可由于没有水，孩子还是无法忍受这样的暴晒，夫妻两人便开始收集自己的小便，用浸了小便的布擦拭孩子的脸。

除了做这些，他们并没有放弃求救。他们把两条毯子裁成条状，拼凑成 SOS 的形状，希望别人能够看到这样的求救信号，还用汽车的倒车镜来反射阳光，但是这一切都没有任何用。

经历了几十个小时的煎熬，他们的身体已经到了极限。最后，他们想出了一个办法，把轮胎卸下来，把胎罩放在地上收集清晨的露水，并且点燃备用轮胎来求救。

三天后，救援队终于发现了他们的求救信号，而他们终于活了下来。

虽然历经了生命的险恶，但是他们却没有放弃，坚持在不吃不喝、异常炎热的绝境中过了整整三天。如果在这个过程中，他们有丝毫的懈怠或是放弃的念头，那么只有死亡一条路。

持续的激情是最伟大的力量，它可以让愚钝的人获得成功，可以让处于绝境的人重新找到希望。所以，我们应该富有激情，不管什么时候都坚守应该坚守的，到最后我们一定会发现，我们的生命已经开出花来。

只要你想赢，一切皆有可能

十八岁是一个美好的年纪，是一个爱做梦的年纪。很多十八岁的孩子还依偎在父母的身边，享受着无忧无虑的生活，过着快乐幸福的日子。

道恩·罗根斯也是一个十八岁的女孩，出生在美国北卡罗来纳州罗恩达尔市。可是因为家庭的原因，她却不得不过着贫穷、流离失所的生活，享受不到父母的温暖。她从小就和哥哥跟着妈妈四处流浪，还有一个染有毒瘾的继父。家里所有的东西都被继父卖了，一间破旧的房子里没有家具，没有生活用品，甚至连水电都没有。她和家人只能靠捡外面的蔬菜和食物度日，只能在外面的公共厕所里洗澡。

由于家里没水没电，她和哥哥每天要走二十分钟的路去打水。到冬天的时候，他们经常连续两三个月不能洗澡，连续几个星期都穿同一件衣服。那时，她不知道自己和别的孩子有什么区别，只知道别人都嘲笑她脏，笑着叫她“脏孩子”。

在这样恶劣的环境下，道恩·罗根斯依然没有放弃读书，白天认真学习，晚上则用蜡烛的微弱光线读书。可后来，他们的生活更贫穷了，就连蜡烛都买不起。为了多读一些书，她只能向老师借蜡烛。

她和哥哥始终都积极快乐地生活、学习，并且坚信生活会慢慢地变好。可上天并没有怜悯他们，在他们上初中的时候，妈妈和继父竟然扔下他们，不知踪影，还卖了他们住的房子。

罗根斯和哥哥成为没有人管，没有人养的孤儿，他们只能四处飘荡，有时借住在朋友家里，睡人家的沙发，有时住在公共厕所里，有时就睡在公园的长椅上……

可尽管如此，这个坚强而又聪明的女孩并没有放弃学习，她每天都抓紧时间学习，并且以优异的成绩考上了哈佛大学。

罗根斯的事迹被各大新闻媒体报道，人们被她身处逆境却没有自暴自弃、依然坚持完成学业的精神所感动。可这位年仅十八岁的小女孩却笑着说:“即便是在艰难的处境下，也没有任何借口让你自暴自弃。一个人必须尊重自己，而后才能得到别人的尊重。”

是啊！没有什么理由能让你自暴自弃，也没有比自我放弃更可怕的事情。若是你觉得梦想是可以实现的，困境是可以战胜的，那么你内心的信念就会越来越强，并获得最后的成功。但若是你选择了破罐子破摔，让自己在困境前沉沦，那么就不要怪上天的不公了！

每个人的生命中都有着些许的不完美，都有着难以磨灭的伤痛，但是我们也不能因此悲伤，更不能把这当作自暴自弃的理由。我们应该意识到，因为一点点的坎坷和不幸就陷入自弃之中，就永远也不要指望着赢得美好的生活。

就像有人说的那样：“这世界上没有永远的失败！我宁可一千次跌倒，一千零一次爬起来，也不向失败低一次头。”只有拥有这样的想法，我们才不会和失败相伴，因为从你努力的那一刻起，你就为自己赢得了更多的机会和可能。

一场突如其来的战争，摧毁了很多人的家，也摧毁了很多人生活的希望。人们不知道什么时候战争能结束，不知道生活什么时候才能恢复平静。太多人不得不躲在城市的废墟之中，衣不遮体，靠捡垃圾为生。一个小女孩就是这些人中的一员，忍受着生活的残酷、苦痛……

虽然她年纪小，但是对于生活没有失去信心。她相信这世界上还有光明和美好，就好像再漆黑的夜晚终究会迎来光明一样。

一天，由于一点点食物，她和几个年轻人发生了冲突，被他们打得浑身是伤。再加上长期的饥饿，她只能奄奄一息地躺在废墟里。死亡越来越逼近她，她则希望奇迹的降临。果然，一位老先生出现在她面前，救了她的性命，还把她带回了家。

虽然老先生的生活过得也非常贫苦，但好在有遮风避雨的地方，每天还有足够的食物可以吃。老先生照顾她，教她读书、写字、弹琴和礼仪。更重要的是，他一一向她述说战争前生活的美好，坚定了她活下去的信心和希望，更坚定了她对美好生活的向往。

同样地，小女孩的到来也给这位老先生带来了乐趣和希望。这位老先生已经八十二岁了，原本有幸福美满的生活，有老伴、儿子、孙女，可这些至亲至爱之人都被这场战争摧毁了。他顿时感到生活失去了意义，生命失去了光明。

救小女孩那天，其实他已经产生了结束生命的念头。是这个小女孩的到来，让他的生命被重新点亮了。就这样，这一老一小彼此依偎着，给予对方温暖和希望，终于迎来了战争的结束，迎来了美好的生活。

我们身边总是有这样的人，他们经历了生活的种种磨难，却依旧心怀希望，始终对自己和生活充满了希望和信心。正因如此，他们熬过了最冷最暗的黑夜，也让自己迎来了最美好的生活。

其实，苦难和挫折是不能打倒我们的，真正打倒我们的是心中失去了希望，失去了期望美好的心。不要被苦难和挫折打倒，不要自暴自弃。只要想赢，最后赢的一定是我们。

CHAPTER・06
正因为一穷二白，更不能破罐子破摔

正因为一无所有，所以我们更要努力奋斗；正因为无所依仗倚仗，所以我们必须顽固地坚强。我们不幸只是普通人，生来平凡，千辛万难，但请你千万别“破罐子破摔”，只要用心珍惜，扬长避短，人生照样丰盈富裕。

生命里的缺憾，是为了让你改变

爱美之心，人皆有之。孔雀是动物王国里最美丽的动物，那多彩的羽毛和婀娜的身姿引来无数的人驻足观赏。孔雀始终都觉得自己就是最美丽的、最幸运的。

不久前，动物王国举办了一场盛大的舞会，夜莺唱起了美妙的歌声，犹如天籁一般在空中环绕。众人纷纷为夜莺鼓掌喝彩，说它是森林里最棒的歌唱家，说它的歌声是这个世界上最美妙的声音。

孔雀见夜莺抢去了自己的光彩，感到愤怒和不平。同时，它更羡慕夜莺有美妙的声音，而自己的声音却沙哑无比。

舞台下，它对身边的燕子说："夜莺的歌声实在太美妙了，难怪人们都喜欢它，都愿意听它歌唱。虽然大家之前都喜欢我，可只要我一开口唱歌，大家就会嘲笑我。上天实在是太不公平了。为什么给夜莺美妙的声音，却给了我沙哑的嗓音？"

燕子见孔雀如此不平，便安慰它说："你的嗓音沙哑，确实发不出美妙的声音。但是你的羽毛和身姿却是最漂亮的，这是森林里的其他动物无以能比的。想想你开屏的时候，羽毛是多么的漂亮，是多么的光彩照人。”

孔雀并不满足，继续抱怨说：“有美丽的羽毛又有什么用？我能发出夜莺那样美妙的声音吗？别人只看我美丽的外貌，却听不到我美妙的声音，他们肯定觉得我不如夜莺！”

燕子没有想到孔雀如此矫情和不满足，它非常生气地说：“这一切都是上天注定的，它给了你美丽的羽毛，给了夜莺美妙的嗓音，给了雄鹰有力的翅膀，也给了鹦鹉聪明的头脑。上天赋予了所有动物独特的东西，我们应该为自己所拥有的东西感到满足，而不是羡慕别人有的，抱怨自己没有的！”

完美是所有人都期望的，但是，这个世界上任何事物都不可能十全十美，每个人都有自己的美丽，当然也有自己的不足。孔雀的美丽是令人艳羡的，夜莺的歌声也是令人欣赏的。如果孔雀只是羡慕夜莺美妙的歌喉，抱怨自己沙哑的嗓音，却看不到自己的美丽，那么就永远也无法过得更美丽更精彩。

因为每个人都无法选择自己的出身、容貌、家境和生活环境，于是有些人成为了平凡的人，有些人却成为了卓越的人；有些人拥有了很多东西，有些人却失去了很多东西。

在这样的情况下，很多人成为了“抱怨的孔雀”，羡慕着别人有的，抱怨着自己没有的。他们不停地抱怨：

“我家太穷了！父母没有本事，我只能靠自己找一份普通的工作！”

“我的家人没有社会地位，对我的人生没有一点帮助！”

“我的父母什么忙也帮不上……说出来真是丢人！”

“为什么我的个子这么矮？为什么我得不到别人的青睐！”

“为什么他从出生就过着优厚的生活，而我却为了生计不得不拼命地工作！”

他们总是觉得上天对自己不公平，觉得自己不够完美。他们从来没有感觉到生活的美好，因为他们的目光一直停留在自己不曾拥有的东西上，却从来没有关注过自己拥有的东西。

或许，他们确实没有别人拥有的多，可这些不过是生命中的一点瑕疵罢了，并不能阻碍一个人的未来，更不是一个人放弃追求幸福的理由。

在这个世界上，没有谁是完美的。要知道，生命里的这些小缺陷，就是为了让我们改变。只有接受了这点不完美，并且努力地拼搏和奋斗，才能赢得属于自己的精彩，以及更美丽的世界。

在一个偏远的农村，有一对双胞胎姐妹。和所有女孩一样，她们喜欢漂亮，也有着自己的梦想。

可不幸的是，这两姐妹是残疾人，从一出生就无法正常行走，每天只能坐在轮椅上。她们从来没有踏进过学校，没有享受过一天校园生活。看着其他小朋友每天快乐地上学，她们心中有说不出的羡慕。

身体的缺陷阻碍了她们的求学之路，但是却并没有让她们放弃读书识字的愿望。她们每天都坚持识字、学习，后来还经营起书报摊。再后来，为了给那些像她们一样的人帮助和鼓励，两姐妹还开通了生命关怀热线，先后出版了《生命从明天开始》《假如我可以站起来吻你》。一时间，她们从“百无一用”的残疾人变成了人人皆知的作家。

当初，医生预言她们活不过三十岁，但是这样的预言并没有阻碍她们勇敢地活下去，反而让她们活得比普通人更加精彩。她们看到了自己的缺陷，并且勇敢地直面自己的缺陷，正因如此，她们始终都快乐地生活着，努力享受生命中的每一天。

如果两姐妹如同孔雀一样，羡慕别人拥有健康的身体，抱怨自己身体上的残缺，那么恐怕她们活不出那样的幸福。甚至还会如同医生所预言的那样，活不过三十岁。

两个残疾姐妹能够活出生命的精彩，为什么我们这些健康的人却看不起自己呢？

生活总是有失有得，不和任何人去比自己没有的东西，我们的每一天才能过得更加精彩！还记得玛格丽特·米切尔的小说《飘》中的郝思嘉吗？她是一个不完美的人，固执、虚荣、狡黠，但她又是那么的真实、聪明、善良，她的缺点与美艳完美地融合在一起，所以才那样的迷人。

所以，我们要记住一点：生命的精彩永远都会照在你身上暂不完美的那一点上。虽然这是一点不完美，但却是你最独特的地方。不要羡慕别人，不要为自己的缺点抱怨，也不要奢求自己完美。

抱怨只会让你越来越糟糕，只要正视自己，并且为了生活而拼搏，你终究会迎来最精彩的人生，迎来所有人的艳羡。

别想靠谁崛起，你只能靠自己

天气阴沉，一位年轻人匆忙地往家赶，可还是被大雨拦在路上。不得已，他只能在一处屋檐下面避雨，过了一会儿，看到一位僧人撑着雨伞从自己面前走过。

年轻人高声喊道："师傅，佛家时常说要普度众生。现在我被大雨拦住了，你度我一程如何呢？"

僧人停了下来，看着年轻人，淡然地说道："我在雨中行走，你在屋檐下面躲雨，而檐下又无雨，你何必需要我去度你呢？"

年轻人听了僧人的话，走到雨中，大声地喊道："我现在已经在雨中了，这次你可以度我了吧？"

谁知僧人笑着说："你和我都在雨中，唯一的区别就是我有雨伞，而你没有雨伞。为什么要我度你呢？确切地说，你不是需要我度你，而是需要伞度你。所以，你应该找到一把伞，而不是向我来寻求帮助。"

因为在雨中淋了很久，年轻人全身都快湿透了。于是，僧人还没说完，他就不耐烦地说："你到底愿不愿意帮助我啊？若是不愿意的话，为什么不早说呢？何必说这么多话，找这么多借口呢！现在我才真正明白，你们佛家所说的‘普度众生’不过是口号而已，你们只是在度自己罢了。”

年轻人的话毫不客气，赤裸裸地讽刺了僧人。可是僧人并没有生气，依旧心平气和地说：“你如果不想被大雨淋到，就应该随身带着雨伞。如果把所有的希望都寄予别人身上，总想能得到别人的帮助，自己却什么也不做，结果恐怕什么也得不到。”

年轻人什么也没有说，气呼呼地走了。

过了几天，年轻人因为一些事情到寺庙里求拜佛祖，希望佛祖能够帮助自己渡过难关。走到寺庙的时候，他居然发现那僧人也在跪拜，不过他跪拜的不是观音菩萨，也不是佛祖，而是自己。

年轻人感到不解，便问道：“所有人都跪拜佛祖和观音菩萨，为什么你却跪拜自己呢？”

僧人笑着说：“因为我知道，求人不如求己。”

没错，求人不如求己。与其总想着寻求别人的帮助，把希望寄托在别人的身上，不如靠自己的努力。这个世界上，从来没有什么救世主，也没有什么观音菩萨。即便有的话有，他们也不能事事帮助你解决。所以，我们必须摒弃靠别人的想法，让自己变得强大起来，通过自己的努力来解决问题。

美国作家亨利·梭罗曾说过：“要想有一面牢不可破的盾牌，就要站立在自我之中。”我们自己也是一笔财富，不管我们的能力如何，不管我们的资质如何，只要我们能够自强自立，少存依赖心，就可以做得更好。

然而我们身边有很多人，却看不清自己的价值，所以在困难面前失去了努力的勇气；不相信自己的能力，所以在机会面前失去了信心。在他们的认知里，别人总比自己有经验、有能力，只要依靠他们就可以更快地成功。

然而，这种想法大错特错了。

一位名叫吉姆的年轻人就有这样的想法，他认为自己是一个名副其实的穷光蛋，没有能力，没有家世。如果凭借自己的努力，恐怕永远也无法赚取足够的财富，永远也无法成就一番大事业。

他找到城里一位赫赫有名的富翁，希望这位富翁能够成为自己的贵人。见到这个富翁之后，吉姆忧心忡忡地说："尊敬的先生，您看看我吧。我没有房子，没有钱，也没有好工作，每天只能过着饥一顿饱一顿的生活。像我这样一无所有的人，怎么能获得成功呢？"

听完吉姆的话，富翁哈哈大笑起来。吉姆疑惑地看着富翁，问道："我都已经这么惨了，您为什么还大笑起来呢？您在笑我的一无所有，还是在笑我的一无是处？"

富翁停止了笑声，平静地说："年轻人，你并不是什么都没有。依我看，你还是一个百万富翁呢？"

"什么？"吉姆惊讶地说，"百万富翁？您不是在取笑我吧！我这样的穷光蛋，怎么会是百万富翁？就算您不想帮助我，也不要拿我这个穷光蛋开心啊！"说完，吉姆便生气地转身，想要离开富翁的家。

富翁立即叫住他，说道："我怎会拿你寻开心呢？我说的都是事实。"

吉姆好奇地说："真的？"

富翁认真地说："没错。不过为了弄清这个问题，你需要回答我几个问题。"

年轻人答应了，于是富翁问道："如果我想要花二十万金币买走你的健康，你是否愿意呢？"

吉姆立即摇摇头说："当然不愿意，没有了健康我怎么活下去？"

"那么，我再问你，若是我花二十万金币来买你的青春，你是否愿意呢？”

吉姆还是摇着摇头说:“我可不想一日之内变成行将就木的老人。”

“那么，如果我给你二十万金币，来换取你的智慧呢？”

吉姆拼命地摇头，大声地回答：“当然不愿意！有谁愿意当一个傻子？”

“那若是用二十万金币来换取你的容貌呢？”

这时，吉姆已经没有了耐心，他生气地回答道：“我为什么要答应这么荒唐的事情。这些都是我身上最宝贵的东西，岂能用金钱来换取？”

他再一次想要离开，却又被富翁叫住。富翁耐心地说:“不要着急，年轻人，我还有最后一个问题，如果我给你二十万金币，让你去杀人放火，你是否愿意去做呢？”

吉姆震惊地说：“这怎么可能？我怎么能为了二十万金币出卖自己的良心，去做这么可怕的事情！？”

最后富翁意味深长地说：“你看，我刚刚开价一百万金币，却没有买走你身上的任何东西。这不说明你自身就拥有一百万金币的价值？其实，你并非一无所有，你自己就是最大的财富。而你也不需要我的帮助，只要你能够认清自己的价值，发挥自己的优势，就可以成为真正的富人。”

年轻人吉姆这时才明白富豪的良苦用心。是啊，在他的人生中，唯一缺的就是金钱，而凭借自己的智慧和年轻，获取财富并不是不可能的事情。自己为什么要依靠别人呢？

从此之后，年轻人吉姆不再愁眉苦脸，也不再把希望寄托在所谓的贵人身上。最后，他开始了新的生活，也获得了成功。

若是渴望成功，我们就应该意识到，我们自己就是最大的财富。我们不比任何人差，也不应该依靠任何人。认清自己的价值，努力去做自己的事情，那么就可以创造成功。

而如果我们想着依靠别人，并且把依靠当成是一种习惯，那么不分大小事，都会习惯性地去求别人代劳。时间长了，我们自身的价值就会被慢慢削弱，激情就会被慢慢消磨，等到没有人帮助自己的那天，就会成为彻底的弱者。

所以，记住这句话：别想靠谁崛起，我们只能靠自己。只有靠自己，才能真正赢得一切。

一无所有，才是我们的优势

山脚下，三个徒弟跟着师傅学艺。一天，师傅让徒弟到山上砍柴，要求他们每人必须砍一捆柴回来。

临出门前，师傅给大徒弟一把伞，告诉他山上天气多变，以防突然下雨。师傅又给了二徒弟一根拐杖，告诉他山路不好走，以防滑倒摔伤。最小的徒弟眼巴巴地看着师傅，希望师傅能给他最好的东西。可是，师傅却什么也没有给他，只让他空手上山。

小徒弟伤心极了，觉得师傅实在太偏心了，于是他在心里嘀咕："我是最小的，本应该受到师傅最好的照顾，可是师傅却什么也没有给我。这实在太不公平了！"

师傅早已看出了小徒弟的心思，却没有说什么，催促着三个徒弟上山了。

果然，如师傅所料，中午时分山上就下起了雨。傍晚时分，三个徒弟都回来了，每个人都砍回了一大捆柴。可带了伞的大徒弟却被大雨淋得浑身湿透；带了拐杖的二徒弟跌得满身是伤；只有一无所有的小徒弟安然无恙，既没有被淋湿，也没有被摔伤。

师傅把三个徒弟叫到面前，三人见到对方的情况都感到非常惊讶。随后，师傅让每个人说出自己的情况。大徒弟说："我上山不久，天空就下起了毛毛细雨，因为师傅为我准备了伞，所以我大胆地往前走，还砍了很多柴。可是到了中午时分，雨就越下越大了。我背着柴根本腾不出手来撑伞了，所以浑身上下都被淋湿了。不过好在我没有摔过一跤，因为我没有拐杖，只能挑平稳的地方走，走的时候也非常仔细。"

接着，二徒弟开始说自己的遭遇："我就比较倒霉了，一路上摔了很多跟头。我觉得自己带了拐杖，所以走得速度比较快，没有在意沟沟坎坎的地方，结果摔得浑身是伤。但是，我却没有被大雨淋湿，当大雨来临的时候，我知道自己没带伞，就尽量挑选那些能躲雨的地方走。"

听了二位师兄的话，再看看自己的情况，小徒弟似乎明白了师傅的用意。他十分激动地说："我知道为什么拿伞的被淋湿带拐杖的跌伤，而我一无所有却安然无恙的原因了！遇到大雨的时候，我尽量躲着走；路不好走的地方，我则分外地小心。所以，我既没淋湿，也没有跌伤，一无所有竟然成了我的幸运。"

师傅微笑地看着小徒弟，然后又对大徒弟和二徒弟说："你们之所以弄成现在这个样子，就是因为你们自认为有了可以依赖的优势，便少了些许敬畏和忧患。"

的确如此。很多时候，我们并不是败在自己的弱项上，而是败在自以为有的优势上；我们不是在其他问题上出了差错，而是在自以为绝不会出任何问题的地方出了差错。因为我们拥有了优势，所以开始放松了警惕，肆无忌惮，结果让自己摔得更惨。而当我们有弱项或是一无所有的时候，就会保持足够的清醒和警惕。

简单地说就是，拥有的东西越多，我们依赖的东西就越多，心里的警惕和敬畏反而就越少了。而当我们一无所有的时候，我们就会彻底抛弃这种依赖心理，想方设法地安全前进。

从前有一个国家，可以说是一无所有：国土面积小，国土资源质量也不高，一大半国土都被沙漠侵蚀了。可这个国家的人民却说："我们的优势就在于，我们真的一无所有。"

因为国土面积小，所以他们把精力放在了更新的技术上；因为水资源匮乏，所以他们的节水灌溉和旱作农业技术世界闻名；因为人民没有什么依赖的，所以这里的人民是最勤劳的、最具有智慧的。

从辩证的角度来看，从来没有绝对的优势，也没有绝对的劣势。一无所有是一种恩宠，也是一种财富。它可以让我们产生改变命运的激情，可以让我们更加小心谨慎，还可以让我们拥有无牵挂、轻装上阵的心态。

所以，当我们一无所有的时候，不要害怕，也不要抱怨。正是因为一无所有，我们才拥有了成功的动力，而这就是改变命运的关键之所在。

人生这个赛场，后来者可以居上

思敏的公司有一位能力出众的领导 L 女士，每当提到她时，下属的眼里都会充满崇拜的目光。这是因为她虽然年龄有些大了，但非常理性，思维缜密，做事雷厉风行，眼界又开阔，可以说是魅力无穷。在身边人和下属看来，L 女士非常耀眼和出众。

一次，思敏和朋友聊天喝茶时，朋友感慨自己在职场上不够成熟，不够机敏，甚至一度还产生了自我质疑。见此，思敏谈到了自己正在追的一部电视剧——《美丽笨女人》，并且极力推荐朋友也看看。该剧讲述的是“一根筋”女孩莫愁从开始被旁人认为“笨到令人发指”，然后通过自身的努力，到最后成功逆袭的故事。

整个故事很轻松，也很励志，让人若有所悟。思敏认真地和朋友说，一个人落后没有什么可怕的，但是如果因为一时的落后而萎靡不振的话，到头来自己很可能会成为那种无所作为的人。生活中，我们应该平静地面对不足的自己，努力振作自己的精神。只要我们能够调整自己，重新整合前进的力量，就一定能走出那片阴霾。

后来，思敏还告诉这位朋友：人生是一段长路，谁先跑，不代表谁就是冠军。在半路的时候，你会看见你前面有人，或者后面有人。如果你休息时间太长，后面的人就会追赶上来；但如果你加倍努力，前面的人也会被你超越，所以暂时的落后不算什么！

然后，她向朋友讲了L女士的故事，这位令人羡慕和敬仰的女士并非一开始就优于常人。她说："L女士时常和我们说，她从来不是一个聪明的女孩，从小学到初中，再到高中，成绩在班里总是处于中等。那时候老师讲几遍的例题别的同学都懂了，就她处于云里雾里的状态，但她却没有因此而抱怨和沮丧，而是天天认真学，课课用心听。平时读书的时候，别人读一遍，她就读两遍、三遍，甚至十遍。课后时间，她也丝毫不放松，把别人玩耍的时间都花在学习上。年年如此，从不间断。就这样不断努力之后，她最终以年级第一名的成绩考入了一所一流大学。"

听着L女士的故事，思敏的朋友感慨万千。

接着，思敏继续说道："几年前，她无意中看到报纸上刊登了一家外企招聘市场总监的招聘消息，年薪三十万元。起初，她心里有很多顾虑，因为她的英语说得不够地道，专业也不太对口……尽管如此，她还是决定试一试。一轮又一轮的面试之后，招聘主管却给出了一个难题，应聘者必须会开车。原来，这份工作需要经常外出，没有车简直寸步难行，但是L女士当时对开车一窍不通。"

"那后来，L女士应聘成功了吗？"朋友好奇地追问。

思敏微笑着点点头："为了争取那份极具诱惑力的工作，她当即回答自己会开车，于是招聘主管让她一周以后开着车来上班。你知道，她是怎么做到的吗？"

看着朋友好奇而又期盼的眼神，思敏接着说："第一天，她就从二手车市场买了一辆汽车；第二天，跟着朋友学习了简单的驾驶技术；

接下来，她在一块草坪上摸索练习了四天。一周后，她成为了这家公司的市场总监……”

L 女士的故事是不是很励志？这样的逆袭是不是很华丽？的确如此。听了她的故事，思敏的朋友也坚定了信心，决定寻找逆袭的机会。

在这里，我们想告诉正在阅读本书的你，未来的路还有很长，暂时落后也不必忧心。不管你现在怎么样，只要你肯去努力，想方设法去改变目前的状况。你会发现，生活会向着自己理想的方向前进，曾令你烦恼不堪的生命也会变得美满而尊贵起来。

埃及的金字塔相当于四十层楼房之高，世界上能登上金字塔尖的生物只有两种：一种是鹰，一种是蜗牛。

为什么鹰可以登上金字塔尖？因为它有强劲的翅膀，可以搏击长空，这也不足为奇。

蜗牛号称动物界爬行速度最慢的动物，为什么也可以登上金字塔尖？原来，这些蜗牛虽然资质平庸，但是足够勤奋。它一步一步地往上爬，最终爬上了世界上最伟大的石头建筑，也攀上了自己生命的最高峰。

人生是长跑，而不是短跑。坚持跑下去，你就会有逆袭的一天。

只要你足够勤奋，就能咸鱼翻身

一次数学学会上，一位名叫科尔的年轻人成功地解开了一道世界难题。一时间，整个数学界都震惊了，有人说他是幸运的，有人说他聪明绝顶，还有人说他是数学天才。

之后，一个人带着崇敬的心情找到科尔，对他说："科尔先生，你是我见过最有智慧的人。"

"不，您说错了。"科尔笑了笑，回答说，"我不是最有智慧的，我只是比你们更勤奋罢了。"

"勤奋？"听了科尔如此回答，那个人疑惑地问道。

科尔继续说："是的，你知道为了论证这个课题，我花了多少时间吗？"

那个人说："一个礼拜。"科尔摇了摇头。

"一个月？"科尔还是摇了摇头。

看到科尔继续摇头，那个人非常震惊地问："我的天啊，不会是一年吧！"

科尔还是摇了摇头，微笑着回答："先生，你错了，是三年。在这三年内，我花费了全部星期天的时间，一遍遍地论证，一次次地思考，才解开了这道难题。”

爱因斯坦曾说过：“人的差异在于业余时间。”我们每个人每天拥有的时间都是相同的，但是付出的不同，获得的收获也会有所差异。要想获得成功，让自己与别人不一样，就必须让自己更加勤奋。谁更勤奋，用在工作和学习上的时间更多，他获得成功的概率就越大。

科尔并不比其他人聪明，但是他却利用整整三年的业余时间来努力。他放弃了假期，与朋友的联系也少了。别人酣然入梦，他还在挑灯研究；别人晨梦未醒，他已经开始了思考和努力。每个星期天，别人约会、睡懒觉、出游，而他却把时间都用在研究课题上。正因如此，他获得了丰厚的回报，解开了别人难以解开的数学难题。

一分耕耘一分收获的道理，是永远不会变的。就算你是一条咸鱼，只要足够努力，也能够有翻身的机会。生活中，很多人都希望找到成功的捷径，希望付出最少的努力，获得最大的收益。可是事实上，这是绝对不可能实现的事情。想要成功，唯一的捷径就是勤奋。即便你聪明绝顶，但是若不肯努力，不肯花时间，最终也只能失败。

这个世界确实有天才，但是天才不等于可以不努力。没有人可以浑浑噩噩就能获得成功，没有人可以不努力就能收获更多。想要获得更多就需要付出更多的努力，更为重要的是，人生实在是太短了，为了生活和理想而努力不仅仅是为了最后的结果，更是为了让自己过得更充实和精彩。

李嘉诚是华人富豪的典范，他之所以成功，除了与生俱来的经商头脑，最重要的就是勤奋和努力。当有人问他成功的秘诀时，他讲了这样一个故事：

有一个刚刚从事推销行业的年轻人，一时找不到推销的办法，每个月的销售业绩都非常差。正当他苦恼不已的时候，遇到了日本“推销之神”原一平，于是他立即向原一平请教成功的秘诀。

原一平没有说一句话，直接脱掉自己的鞋袜，然后对他说：“请你摸摸我的脚板。”

这位新人满脸疑惑地摸了摸原一平的脚板，大声地惊呼：“您脚底的老茧为什么这么厚呀！”

原一平一边穿上鞋袜一边对这个人说：“因为我走的路比别人多，跑得比别人勤。”这位新人听了之后，顿然醒悟。

讲完这个故事之后，李嘉诚微笑着说：“我没有资格让任何人来摸我的脚板，但我可以告诉你，我脚底的老茧未必没有原一平那样厚。”

是的，李嘉诚的成功是源于勤奋和努力，当年他每天都要背着样品的大包走街串巷，几乎走遍了整个香港，从西营盘到上环再到中环，然后坐轮渡到九龙半岛的尖沙咀、油麻地。

他知道想要比别人成功，就必须付出比别人更多的时间和努力。别人每天工作八个小时，他就工作十个小时，甚至是十二个小时。就算事业成功了，成立了自己的公司，他也没有忘记勤奋和努力，早上比员工来得要早，晚上比员工走得要晚；每天利用吃饭、休息的时间看报纸，看文件，处理公事……

所以说，勤奋是成功的前提条件，更是一个人成功的秘诀。你可以比别人笨，但是却不能比别人懒惰。你比别人平凡，但正因如此你才要比别人更努力和勤奋。古往今来，凡是成功者、有大作为者，都具有这样一个共同的特质：那就是勤奋、努力，行动力强。勤奋磨尖了他们才华的刀刃，让他们在成功的道路上劈波斩浪，并且勇往直前。

很多人想要一鸣惊人，却忽略了勤奋才能成功的道理。等到有一天，看见比自己年轻的人、比自己天资笨拙的人，都已经获得了成功，才发现自己却还是一事无成，一无所有。直到这时，他们才明白，自己并不是没有理想或志向，只是一心做着美梦，却忘记了勤奋和努力。

今天的你，当一无所有的时候，先问问自己是否真的勤奋努力了。

一辈子不长，别再荒废时光

一分钟重要吗？一分钟能做什么事情？一位普通的学生说：“一分钟看似短暂又渺小，但是我们的人生就是由一个又一个一分钟组成的。一分钟可以让我们做很多事情，也可以让我们失去很多事情。”

没错，一分钟是非常重要的，如果我们能够珍惜每一分钟，那么人生也将大不一样。这位同学和同桌的故事则告诉了我们这个道理。

他们都是某一中学的普通学生，都梦想着考上最心仪的大学。为此，他们努力读书，可是他们的学习姿态却不同。

这位学生总是利用课间的几分钟来思考、做题，利用睡前的几分钟来复习、预习，就连吃饭前的一分钟也不肯放过。

一天，同桌看到他又在课间看书，便不以为意地说：“你干吗这么辛苦，少读一分钟也不会怎么样。我们每天都已经够辛苦了，为什么不抓紧时间休息一下？”

他笑着说：“谁说一分钟不重要，我每天多读一分钟书，一年可以积攒出一天的时间，那样就可以多读一天书，多掌握更多的知识。”

同桌还是不理解，不屑一顾地说：“多读一天的书又怎样？我们有三年的时间来努力，难道这还不够吗？”

转眼三年过去了，他们参加了高考，都认为自己考出了最好的成绩。可成绩公布后，他超过了录取分数线好几分，如愿地考上了自己心仪的大学；而同桌却比录取分数线低一分，就是因为这一分，他和心仪的大学擦肩而过。

一分钟很短，可是却可以做很多事情，写几十个字，背诵几个句子，看几段文字，解答一道题……其实，它一点都不渺小，谁看轻了它，谁就会后悔莫及。

人生看似非常漫长，却不过短短几十年。珍惜每一天的每一分钟，积极地做好每一件事情，小事积成大事，积分成时，积时成年，坚持下来，那就是成功之时。

其实再仔细想想，一辈子不过短短几十年，我们却还要花很多时间在睡、吃、行等活动上。例如，我们每天至少要睡八个小时，甚至更长的时间，结果将近半辈子的时间都用来睡觉了；我们每天都要吃三餐，每次半个小时到一个小时的时间，结果，吃饭的时间加起来也是好几年；我们还要有节假日、休息、娱乐……

这样算起来，我们真正努力的时间并没有多少，仅仅只有人生的五分之一而已。然而还有很多人，他们不懂得珍惜每一分钟，把大把的时间花在玩乐、偷懒、发呆之上，白白地浪费掉了大把大把的时间。

富兰克林曾说过：“时间是一种有价值的东西，世界上真不知有多少可以建功立业的人，只因为把难得的时间轻轻放过而默默无闻。”所以，想要获得成功，我们就必须珍惜每一分钟，不浪费每一分钟。

而事实上，那些获得成功的人绝对不会浪费时间，他们对于时间的管理是非常精细的，从来不小看任何一分钟的价值。

本杰明·富兰克林是一位非常珍惜时间的人，尽量让每一分钟都发挥它最大的价值。

一次，一个年轻人慕名前来拜访，并且约好和他在办公室里见面。年轻人如约而至，刚要踏进本杰明的房间，就发现那里乱七八糟，一片狼藉。

本杰明不好意思地说：“我每天都忙于工作，没有时间整理房间。非常抱歉，请你在门外等候一分钟。”然后，他轻轻地关上了房门。

年轻人以为本杰明会花几分钟时间来整理，可是刚刚到一分钟的时间，本杰明就打开了房门。这时，年轻人惊讶地发现，这个房间展现出另一番景象，所有的东西都已经变得井然有序。

这时，本杰明拿出两个酒杯，为两人倒上红酒，然后客气地说：“我们干一杯吧！喝完这杯酒，你就可以走了。”

年轻人再一次震惊了，他感到非常尴尬且不知所措。过了一会儿，他说：“我还没有向您请教……”

本杰明笑了笑，环顾一眼自己的房间，对年轻人说：“你已经进来一分钟了，难道还不够吗？”

年轻人思索了一阵，然后豁然开朗地说：“我明白了，您告诉了我一分钟的价值。”

一分钟很短，如果你轻视它，浪费它，那么它就会“嗖”地从你身边溜走；可是如果你能够抓住它，珍惜它，它就会更有价值和意义。没有任何事情是一蹴而就的，把握好时间，充分利用生命中的每一分钟，日积月累，才能够做出不俗的成绩。

其实，人与人之间是相差无几的，之所以后来有了区别，关键在于如何看待和利用时间。有些人看似扶摇直上，其实背后付出了千倍的努力，每一天每一分钟都挥洒汗水。要想成功，那你就应该做这样的人，珍惜每一分钟，绝不荒废时光。

唯有不断学习，才能出人头地

学习是一种能力，也是一种态度。比起其他能力，学习的能力更是每个人都必须具备的。方涛是一个学习能力很强的人，就是因为他比别人都具有学习意识，不断地提升自己，所以做出了别人都不及的成绩。

刚刚进入公司的时候，方涛就是一个职场小白，没有一点销售经验。而他进入公司也只是源于一个偶然的机会。因为从来没有做过销售，在接触客户时，他出了很多丑：介绍自己的时候，结结巴巴，不知道说什么；展示产品的时候，紧张得双手哆嗦、额头直冒汗；面对客户的问题，更是一问三不知。

看到他状况百出，其他同事都开始嘲笑他："这样的人怎么能做推销员，见鬼去吧！""他要是能卖出产品，我就管他叫大哥！""这样的人都能进我们公司，领导真的是糊涂了啊！"

面对自己的"无能"和别人的冷嘲热讽，他没有选择退缩，更没有妄自菲薄。他对自己说："没错，我是什么都不懂，可是不会可以学习啊！谁天生就什么都会，谁天生就懂得和客户打交道。"

之后，他开始从头学习，学习产品的相关知识，学习销售的技巧，学习与人沟通的技巧。为了让自己更好地掌握销售的知识，他仅仅花一个月的时间就阅读了十几本专业书籍，还专门听了几场优秀推销员的讲座。

接下来，他迈出了第一步，那就是尝试着和客户沟通。在和客户的交谈中，方涛总是保持着微笑，看着客人的眼睛，然后尽量让自己的话说得简洁流畅。很快，他发现自己能够和客户轻松地交谈了，而且还得到了很多客户的认可。

同时，他不放过每一个可以向别人学习的机会。同事和客户交谈的时候，他静静地在一旁观察和倾听，学习他们的销售技巧；遇到了自己解决不了的问题时，他总是积极主动地向领导和同事请教，学习他们解决问题的方法和思路；他还向一些客户学习，学习他们的成功经验和处事技巧……

就这样，通过不断的学习和实践，方涛的业务能力得到了迅速提升，成为了一名出色的销售人员。在年终评比中，他的业绩超过了很多经验丰富的同事。

可方涛的学习之路就此打住了吗？并没有！他知道，学习是无止境的，而销售领域的知识也是很广泛和深奥的，自己掌握的不过是皮毛而已。为了不断地提升自己，他在工作之余花大量时间学习，还报考了某大学的营销专业。慢慢地，方涛在公司中脱颖而出，成为了销售部门的金牌员工。之后，他的能力又得到了领导的认可，被提拔为销售部主管。

可是，我们知道方涛的成绩不仅仅如此，因为他始终都没有放弃学习，始终把学习当成是人生的一部分。

不管在职场还是社会，我们想要不断地成长，想要适应各种环境，就必须不断地去学习。如果不去学习，就只能站在原地，被别人超越，被职场或社会所淘汰。学习是一种能力，更是一种态度，只有学习我们才能获得新的、有价值的东西，才能真正地成长起来。

有一位广告公司的创意总监，每年都会招聘一批大学生，为公司补充新鲜血液。但是，他也为这些新人花费了很多心血，他说："这些刚刚毕业的大学生有一个优点，那就是他们的身上有敢想敢做的精神，想法总是能够让人眼前一亮；但是他们也有很大的缺陷，那就是自我思维过于严重。扭转新人的自我思维模式，是我们每年都需要花费大力气要做的事情。"

什么是"自我思维模式"？

简单来说就是，这些新人以自我为中心，总是觉得自己的创意是最好的，觉得自己是最有才气的。他们听不进去别人的意见，更不懂得向别人学习。

要知道，作为一个新人，即便再有才气，想法再好，如果不懂得向前辈学习，不懂得根据客户的意见完善自己的方案，那也是无法取得突出成绩的。更为重要的是，广告是一个与时俱进的行业，需要创新和发展，需要人们不断地学习新的东西。不学习，思想就会落后，思维就会僵化，从而被行业所抛弃。

这位创意总监讲述了自己的故事：

十年前，他也是这样一个新人，认为自己才华横溢，认为自己的创意是最好的，根本看不起那些同事。当时的创意总监每拿到一个项目，都会召集所有人开会，讨论具体的方案。

其他人都积极地讨论，提出自己的见解。可是他却觉得这没有任何意义，所有人的讨论既没有新意也没有营养。他甚至觉得所谓的会议根本是多余的，因为最后总监肯定会采纳自己的方案。

然而，让他没有想到的是，事实恰好相反。总监不仅没有采纳他的方案，还找他谈了几次话，希望他能够向其他人好好学习。可是他依然没有意识到自己的问题，态度还是那么“嚣张”。

最后，总监拿出了他的方案，让同事们提意见。同事们提出了很多意见，从成本太高到创意太冒险，从细节的元素到整体的结构……直到这时，他才意识到，自己的方案并不是那么十全十美，同事们也不是他想象的那么“没用”。他们在这个行业里摸爬滚打了多年，有独特的看法，有老辣的目光——而这些都是自己缺少的。

他开始重视同事的意见，并且向同事学习。即便别人不主动提意见，他也会不断地追问和请教。接下来，他的能力不断地提高，拿出的方案越来越成熟，很快就成了一名优秀的广告人。

所以，这位创意总监总是会对新人说：“一定要听别人的意见，一定要向别人学习，因为学习就是你们进步的阶梯，就是你们成长的原动力。”

我们思考问题和解决问题时，往往会遇到困难和瓶颈。最好的办法有两个，一是不断地充实自己，二是向别人请教，而这两者都离不开学习。我们只有不断地学习，不断地提升自己，从别人身上吸取优点和经验，才能不断地完善自己。而只有懂得学习的人，把学习当成是人生态度的人，才能真正地成长。

记住这句话：学习是一辈子的事情，唯有学习，才能让我们出人头地。

别让潜能深眠，创造生命的惊艳

一个孩子可以搬动一辆汽车吗？看到这个问题，很多人会拼命地摇头，可是一个孩子为了救自己的妈妈，竟然拼尽全力搬动了一辆汽车。这看似不可思议，但是奇迹就这样发生了。其实每个人都有可能创造奇迹，只要能够豁出去，发挥自己的潜能。

小山真美子是日本札幌的一位年轻妈妈，她身材矮小，平时柔柔弱弱。可就是这样的她，却爆发出了惊人的潜力，从二十米处飞奔过去，接住了从八楼掉下来的儿子。

那一天，她正在楼下晾衣服，四岁的儿子在家里玩耍。或是出于顽皮，或是想要找妈妈，儿子竟然爬到窗户边缘，眼看就要掉下来了。

小山真美子吓得心脏都要停止跳动了，就在儿子掉下来的那一瞬间，她飞快地奔过去，用双手接住了儿子。结果非常幸运，她和儿子只受了一点轻伤。

一时间，人们被这位母亲的惊人力量所震撼，也被这样的奇迹所感动。日本盛田俱乐部的一位法籍田径教练布雷默也注意到这件事情，并且陷入了沉思。他仔细地计算了一下，这位妈妈的奔跑速度是非常惊人的，从二十米外的地方接住从二十五点六的高处落下的儿子，她的速度必须达到每秒九点六五米。这样的速度，就连世界短跑冠军也很难达到。可以说几乎没有人能达到，那她究竟是怎么做到的呢？

为了寻找这个答案，布雷默专门找到了小山真美子。而小山真美子则给出了一个非常简单的答案："这是出于我对孩子的爱啊，因为我不能看到他受到任何伤害！"

是啊，出于爱！这和那个抬起汽车的孩子是一样的。就是因为有这样一个强烈的动机，他们身体中最深的潜能才被挖掘出来，创造了令人难以置信的奇迹。

之后，布雷默得出了一个结论：人的潜能是没有极限的，只要你拥有一个足够强烈的动机，就可以激发出最大的潜能。回到法国后，布雷默成立了一家田径俱乐部，专门帮助运动员激发潜能，突破自我。而他的方法也收到了很好的效果，在世界田径锦标赛上，布雷默手下一名叫沃勒的运动员获得了八百米比赛的冠军。

沃勒从一名籍籍无名的运动员，成为了世界瞩目的世界冠军。当媒体记者问他如何获得成功时，他回答说："小山真美子的故事一直激励着我，在比赛的时候，我告诉自己，我就是小山真美子，我奔跑就是为了去救孩子！"

一个人的能力极限在哪里？恐怕这个问题没人能回答上来，因为每个人都有极大的潜能，它就像一座大"金矿"，蕴藏着无穷的力量。一旦我们把自身的潜能激发出来，就可以做到平时根本无法做到的事情。小山真美子为了救自己的儿子，在瞬间爆发出来的潜能，使得她的奔跑速度无人能及；沃勒为了能够夺得冠军，用小山真美子救子的事情来激励自己，使得他战胜了众多田径选手。

事实上，曾经有专业人士指出，普通人都只开发了蕴藏在自己身上的十分之一的潜能。可以说，每个人不过都处于半醒着的状态，有无限的潜能深眠在身体里。

所以，不要小看自己的潜能，也不要说自己做不到。你做不到，是因为没有拼尽全力，是因为没有让自己身体的潜能苏醒。只要我们能够激发出自己的潜能，生活就会充满无限可能。

维克多出生在一个家境优越的环境里，由于父母的溺爱和娇惯，他养成了很多不良习惯，渐渐成为了远近有名的花花公子。

在二十一岁那年，在一次上流社会的舞会上，他遇到了一位气质非凡的女孩。这个女孩让他感受到了爱情的来临，于是他立即上前邀请这位女孩跳舞。没想到，这位女孩毫不留情地拒绝了他，还嘲笑地说："请离我远一点，你就是一个无所事事的花花公子。"

爱情的火苗被无情地浇灭了，而女孩的话也深深地伤害了维克多。同时，他也开始反思自己过去的生活，发誓一定要做出一番事业来，给那些嘲笑自己的人看看。

之后，维克多便离开了家，独自一人来到法国里昂。他开始独立生活，刻苦学习，每当想要放弃的时候，就用女孩的拒绝和嘲讽来激励自己。经过多年的努力，他终于考进了法国里昂大学，并且获得了博士学位。

在他离家出走八年之后，他终于做出了一番成绩，凭借发明格氏试剂获得了诺贝尔化学奖。一时间，维克多成为了法国最炙手可热的人物，就连曾经唾骂他的女孩也对他敬仰无比。

可维克多却说，他之所以拥有今天的成就，是因为女孩的破口大骂让他幡然醒悟，并且促使他发挥了最大的潜能。否则，他很可能一辈子都停留在花花公子的状态中，更别提获得诺贝尔奖了。

我们每个人的身体都蕴藏着无限潜能，只是我们没有发现，或是没有真正发挥出来而已。一旦我们身上的潜能被挖掘出来，我们的人生将会是另外一番样子。

所以说，不管我们是有所成绩，还是一无所有，都不应该陷入自我怀疑和否定的沼泽地里，而应该不断地激励自己，把自身的潜能挖掘出来。而这无穷的潜能将是我们创造生命奇迹的最大助力。

CHAPTER・07
愿你既能站稳脚跟，又能眺望远方

每个人身上都带有能量。如果我们能够提升内在的正能量，规避恐惧、胆怯、怀疑、消沉的负能量，就能彻底改变我们工作、生活和行为的心理模式。当我们度过劫难以后，复利就出现了，你会站在一个不一样的地方，人生格局也随之打开。

你可以输，但不能“未赌先输”

两只青蛙几天没有吃到东西了，此时它们饥肠辘辘，只想着尽快找到美味的食物。

幸运砸在它们的头上了，前面有一个被丢弃的牛奶罐。虽然罐中的牛奶没有剩下多少，但是足够这两只青蛙饱餐一顿。它们争前恐后地跳到牛奶罐上，可一不小心就掉了进去。

一只青蛙拼命地蹬腿，一看到那高高的牛奶罐，心一下就凉了半截。它高声地呼喊着：“完了！这次我们死定了！这么高的牛奶罐，又这么滑，我们肯定出不去了！”

另一只青蛙说：“不要惊慌，我们会游泳，又有极强的跳跃能力，肯定能安全地出去！”

可第一只青蛙根本听不进去，它自言自语地抱怨着：“我以为自己可以饱餐一顿，没想到却被牛奶淹死了！我真是太不幸了……”说着说着，它很快就沉了下去，再也没有上来。

另一只青蛙看到同伴沉没了，心中也有些恐惧和不安。可是它不断地告诫自己：“我一定不能放弃，我一定要想办法跳出去！”“我有发达的肌肉，我可以跳得很高！”于是，这只青蛙拼命地跳跃，一次又一次，用尽自己全部的力气游泳，不敢有片刻的懈怠……

不知道过了多久，这只青蛙发现牛奶好像变得越来越黏稠了，自己踩踏的地方好像凝结成了硬块。原来，在它不断地跳跃和踩踏下，牛奶逐渐变得坚实起来，从液状的牛奶变成了固态的奶酪。

最后，这只青蛙用力一跃，便跳出了牛奶罐，重新回到了绿色的池塘。而第一只青蛙却被淹死了，永远地留在了那块奶酪中。

很多时候，我们就像被困在牛奶罐中的青蛙，面临着沉没甚至是丢掉性命的危险。很多人像第一只青蛙一样，对自己失去了信心，对未来感到迷茫，从而陷入了绝望之中。结果，让自己永远被埋葬在那牛奶罐之中。也有少数人像另一只青蛙一样，虽然陷入了困境，但是却想尽办法解决问题，不放弃，不抱怨，最后终于逃离了困境，走向了最后的成功。

生活是美好的，但也是残酷的。困境和挫折总是不期而遇，在这些看似难以逾越的障碍面前，我们难免感到迷茫，觉得自己能力不行，觉得未来没有希望。然而，我们冷静下来思考之后就会发现，这不过是命运给我们安排的考验而已。只要我们能够相信自己，把控好自己的方向，并且朝着这个方向努力前行，那么终有走出迷雾的那一天。

对于任何人来说，一时的失败只是人生的一次历练，而并非最终的结果；一时的困境也只是需要经历的过程，而并非真正的终点。迷茫不可怕，最可怕的是我们在这个过程中失去了希望。失败并不可怕，可怕是我们没有尝试就认输。

看看那些成功的人，他们能够坦然地面对困境，不会因为打击而自暴自弃；他们始终坚持相信自己，不会因为短暂的失败而迷惘不前。所以他们能够凭借信念和执着重新开始，坚持向前。而最后，他们自然也能走出困境和失败。

茫茫的大海之中，最可怕的是什么？遭遇风浪，还是迷失了方向？其实，这两者都不是最可怕的，最可怕的是你失去了前进的信心，开始产生躲避和退缩的念头。

航海学校里，校长请来了与风浪搏击了一辈子的老船长为学员们讲课。学员们对老船长非常敬佩和好奇，他们提出了一个问题：

“老船长，如果您的船正行驶在海面上，可通过气象报告得知，前方有一个巨大的暴风圈正朝着您的方向前进。请问，在这个关键时刻，您会如何处置呢？”

老船长微笑着，反问道：“如果你们是船长，遇到这样的情况，你们会怎么做呢？”

一个学员信心满满地说：“我会调转船头，选择原路返回。这样一来，船只就会远离暴风圈。这是不是最安全的方法？”

“不行，这是最危险的行为。当你调转船头的时候，暴风圈会追着你的船走。而你航行的速度根本无法超过暴风圈的行进速度，这样一来，你的船与暴风圈接触的时间反而更长了，增加了危险性。”老船长摇着头说。

另一个学员说：“既然如此，那我可以调整航线，把船头向左或者向右转九十度。这样一来，我们就可以尽快远离暴风圈的威胁，驶向安全的区域。”

老船长依然摇摇头，接着说：“这样做也是非常危险的。当你把航线调整九十度的时候，船身整个侧面就会暴露在暴风圈之下，加大船身与暴风圈接触的面积。”

学员们陷入了沉思，之后纷纷不解地问：“这样也不行，那样也不行。那么我们究竟应该如何去做呢？”

老船长坚定地说："最好的办法只有一个，那就是抓稳你的舵轮，勇敢地迎向暴风圈，然后努力穿过它。只有这样，你才可以让船和暴风圈接触的面积变得最小，并且快速地远离暴风圈，减少与暴风圈接触的时间。最为重要的是，当你冲过暴风圈之后，将迎来一片风平浪静和蔚蓝晴空。"

面对暴风圈，躲避不是最好的办法。只有迎面直上，快速地穿过它，才能迎来安全和晴空万里。人生也是如此。我们总会遇到各种困难和苦难，它横在我们面前，让我们无法躲避。

这个时候，越是躲避，越是会陷入绝境。只有勇往直前才是唯一，也是最明智的选择，这看似简单的道理却蕴含着人生的大智慧。要知道，所谓的失败，所谓的困难，所谓的绝境，所谓的迷茫，都是我们自己陷入了自己编织的牢笼，这一切都是混淆视听的干扰。

你可以失败，但是不能后退；你可以输，但不能"未赌先输"。只要我们记住自己的方向，勇敢地向前、向前、再向前，就可以成为最后的勇者。

将心放空，活出生命最好的可能

这是一堂哲学课，讲课的是一位颇有名望的教授，学生们总是能够从他的课上得到人生启发。

一次，教授微笑着步入教室，手里拿着一个杯子和一块和杯子差不多大小的石头。学生们都好奇教授要做什么，满怀期待地等着。

教授把这块石头放入杯子，然后转过来问学生："你们觉得这杯子里还能放进其他东西吗？"

学生们摇了摇头说不能，因为这杯子早就已经满了。

教授看着学生们，随手从上衣口袋里拿出一把碎石子，然后将碎石子放进杯子里。接着他继续问学生们："这杯子还能放进其他东西吗？"

这下学生们变得谨慎起来，开始思考这个问题。可这杯子的缝隙已经被碎石块填满了，怎么还能放进其他的东西呢？考虑到此，大部分同学依然肯定地说不能。

听了学生们的回答，教授笑了起来，又拿出一小堆沙子，一边把沙子放进杯子里，一边摇动着杯子，直到这细细的沙子填满了所有的缝隙。接着教授又问出了同样的问题："这杯子还能放进其他东西吗？"

学生们看着教授像变魔术一般，拿出一样又一样东西，然后把这些东西都放进了杯子。他们都有些发蒙了，不知道该如何回答这个问题。但是有些学生还是发声了，说这个杯子再也不能容下其他东西了，只是这声音有些迟疑和不自信。

教授没有说话，随后从讲桌上拿起了一小杯水，慢慢地把水倒入了杯子里。

所有的学生都以为事情到此就结束了，可没想到，教授又问出了同样的问题："这杯子还能放进去其他东西吗？"

这下所有的学生都不敢说话了，静静地看着教授。只见教授拿起杯子，然后把杯子里所有的东西都倒入垃圾桶。然后他把空杯子拿给学生们看，笑着说道："这不是还能放进很多东西吗？"

其实，教授通过这堂课是想让学生们明白一个道理，那就是每个人都有非常大的潜力，当你觉得自己无能为力的时候，事实上身上还蕴藏着巨大的能量。就像是你以为杯子已经满了，不能放进任何东西了，但是却依然可以放进碎石、细沙、水等。

更为重要的是，当你的潜力真正使用殆尽的时候，我们还可以换一种角度来思考问题，学会将自己的心放空，用一种空杯的心态来调节自己。

将心放空，我们就会对自我永不满足，就会及时调整自己，清空那些旧的东西，清空过去的失败和荣耀。它可以让我们不沉迷于过去，随时调整自己的心态来适应新的变化。不管过去意味着悲伤、失败还是喜悦和成功。

所以，在通往梦想和成功的道路上，我们要学会清空过去，把自己的心放空。如此一来，过去的成功才能变成下一次成功的起点；也只有如此，我们才能不断地迎接新的挑战，攀上一座座新的高峰。

最重要的是，把自己的心放空了，我们的身体才能更“实”，思想上才能更轻松，行动上才能更积极主动。

有一年，哈佛大学的校长来北京大学访问，并且为万千北大学子进行了演讲。这一次演讲，他讲述了自己的一段特殊经历：

几年前，他抛开了所有重要公务，向学校请了三个月长假。他没有告诉任何人自己要去什么地方，包括自己的家人。只是出门前，他告诉家人说：“不要问我去什么地方，我每个星期都会打电话报平安的。”

就这样，他孤身一人来到了美国南部的一个村庄，过上了全新的、不一样的生活。在这里，没有人认识他，他也不认识所有人；在这里，他不是赫赫有名的人物，而是一个普通的人。他尝试了很多没有做过的事情，到农场打工，到饭店去洗盘子，自由自在地在田野里散步……

三个月后，他重新回到学校，依旧做着之前的工作。可是，他突然发现以往枯燥而烦琐的工作竟然变得有趣起来，积攒在内心的压力也得到了释放。这是因为经历了那段田园生活，他不知不觉地清空了自己的心，也把多年在心中积攒的“垃圾”清理干净了。

把自己的心清空，我们看似失去了很多，实际上却拥有了很多，因为这种方式为我们赢得了无限的发展空间。一张美丽的画作，再也无法在上面描绘什么；而一张白纸却有最大的自由让人去描绘，可以画出最新、最美的图画，这空白就是它最大的优势。

一个人想要不断成长，肯定要不断向前，不断超越自己。而如果不能把“杯子”倒空，那么过去的那些成功、失败、经验、悲伤、利益、欢乐就会束缚自己。所以，我们要学会把自己的心放空，时刻准备着挑战自我，如此才能活出生命最好的可能。

别停在过去的荣耀里，忘乎所以

一人邀请朋友来家中聚会，大家谈兴正浓，谈论着家庭事业、新闻娱乐，好不高兴畅快。

这人突然自豪地对朋友们说：“我这人事业虽不算突出，但是有一个幸福的家庭。我只有一个女儿，但我的女儿可真是给我长脸了。”说着，他开始一一数出女儿的了不起之处，学习门门优秀，舞蹈天赋极高，钢琴弹得非常不错……

说罢，他转头对坐在一旁的女儿说：“宝贝，快去把你所有的证书都拿过来，让叔叔们看看。”

小女孩高兴地跑回房间，不一会儿就拿出了一大摞证书，然后骄傲地摆在桌子上。这人接过证书之后，一一打开并给朋友们解释：这是三好学生的证书，这是舞蹈比赛证书，这是钢琴 8 级证书，这是演讲比赛证书……

说完之后，他骄傲地说：“我女儿是不是很了不起！”这话好像是自己感叹，又好像是等待着朋友们的附和。朋友们也纷纷称赞起来，有的竖起大拇指说：“真行！这孩子真不错！”有的拍着女孩的肩膀说："是啊！这么优秀，以后肯定有出息！""这孩子比我家那孩子强多了！要是我家孩子也能像她这么优秀，那就好了！"

听着大人们的夸奖，小女孩脸上洋溢着骄傲的神情。是啊，这样的溢美之词她早就听惯了，自然认为自己是最优秀的人。

但是，一个朋友接过证书之后，并没有像其他人一样开口赞扬，而是轻声地问小女孩："这些证书是什么时候获得的？是不是以前获得的？"

女孩骄傲地回答说："当然，这都是我之前获得的！"

随后这个朋友又问道："那现在呢？你获得了什么奖励吗？"

"现在？"小女孩愣了一下，然后摇了摇头说："没有。这一年我都没有获得什么证书和奖励。"

最后，这个朋友真诚地说："小姑娘，过去的证书是你之前的荣誉，它不代表着现在和未来。你现在还小，应该把握好现在和未来！这样你才能获得更多的证书和奖励，你说对吗？"

小女孩的父亲听了这位朋友的话，顿时感到惭愧万分，立即让女儿收起了那些证书。

是啊，成绩固然让人感到开心，让人值得回味。但是，过去的成绩和荣耀已经过去了，并不意味着现在和将来。如果一个人总是想着过去的成绩，那就只能停留在过去，恐怕很难继续前进，更难取得更大的成绩。

人总要向前看，不能一直停留在过去。不管你是通过怎样的努力才有了过去的成绩，但是如果不能向着更高的地方努力，最终将失去一切。

昨天的成功不过是镜花水月，只能供我们回忆罢了；曾经的辉煌也不过是过眼烟云，只能留在我们的心底。偶尔拿出这些成绩和荣耀安慰一下自己，没有什么不可以的，但是千万不能把它当作一生的资本，更不能躺在过去的成绩上睡觉。

大文豪王尔德曾说："人们把自己想得太伟大时，正足以显示其本身的渺小。”真正具有智慧的人，是不会总提当年勇的，他们追求的是更大的进步，更大的成功。

杰克·韦尔奇是一个时代的成功典范，创下了财富的奇迹。他曾经在《财富》论坛上公开宣称“我的办公室没有计算机，我不需要计算机”。

可是，仅仅过去两年，他就开始学习计算机、打字、上网。到了2000年，韦尔奇带领着GE创下了又一个奇迹，而韦尔奇的新绰号也变成了“e-杰克”。

这是因为他发现公司的所有办公用品都是在网上采购的，企业与企业，员工与员工，企业与客户之间的交流沟通绝大部分是通过网络来实现的，就连自己的妻子也在网上给外孙买东西。韦尔奇顿时就醒悟了，说：“如果我再不注意这个，我会作为一个顽固不化的土老冒儿退休。”

在巨大的成绩面前，韦尔奇没有拒绝前进，而是不断地改变和更新自己，挑战自我和超越自我。所以，他和GE始终走在市场的前端。

美国汽车大王福特曾经说过：“一个人如果自以为有了许多成就而止步不前，那么他的失败就在眼前了。许多人一开始奋斗得十分起劲，但前途稍露光明后便自鸣得意起来，于是失败立刻接踵而来。”

诚然，有了一些成绩固然令我们欣喜、高兴，固然值得我们炫耀，但是如果让这份得意常驻心间，让这份炫耀始终挥之不去，那么它们就会慢慢地腐蚀我们的心灵，消磨我们的意志。时间长了，我们就很难发现自己，挑战自己，乃至超越自己。

所以，请记住一句话：沉浸在过去的成绩中忘乎所以，是最危险的事情。我们每个人都需要不断地拼搏，需要不断地超越自己和过去。把过去的辉煌当成自我的一种挑战，并且努力地战胜它，我们的人生才能开辟新的篇章。

让理智沉淀，远离浅薄与偏见

最难以驯服的是烈马，最容易驯服的也是烈马。这要看骑手是否摸清了马的性子，是否找到了最合适的方法。

一个马场里，一匹脾气暴烈的马让所有骑手都望而却步，所有人都说它是一匹最难驯服的烈马。事情确实如此，只要有骑手接近它，它就会前蹄翻空，发出巨大的嘶鸣声。很多骑手的征服欲被激发，想要征服这匹烈马，可只要他们骑到它的身上，它就会到处狂奔，直到把骑手摔下来才能够安静下来。

可令人震惊的是，这匹最难驯服的烈马却被一个外地来的骑手轻易驯服了。所有的骑手都想要见识见识这位外地骑手的本事，还有人询问他是否有什么秘诀。

这个外地骑手笑着说："你们都说它是最烈的马，是最难以驯服的。可是我发现它明明就很胆小啊！"

所有骑手都不相信，纷纷摇着头说："怎么可能？它的胆子怎么可能小？""不知道多少骑手被它摔到地上！"

外地骑手说："不管你们相信不相信，我说的是事实。我看见这匹马因为看到一只老鼠，就在马棚里四处乱跑。我发现它的眼神里时常流露出恐惧的神色，这说明它时时都处于一种紧张但无力自拔的恐惧之中。”

接着外地骑手带着所有人来到马棚，他轻轻地靠近这匹马，慢慢地喂给它豆子，给它梳理毛发，而这匹马表现得异常温顺。

一匹脾气最暴烈、最难以驯服的马，变成了天下最温和、最老实和最胆小的马。很多时候，我们真的觉得生活在跟我们开玩笑，可是之所以发生这样的情况，就是因为人们的思想中存在偏见。

骑手看到这匹马难以接近，一接近就狂啸不止，于是便先入为主地认为它是性子最烈的马。殊不知，马儿狂啸奔跑、不让人接近，并不是因为脾气暴烈，而是因为胆子小，害怕人的接近。

事实上，人们很容易产生偏见，而偏见的形成有很多种原因，或许是因为经历过一些事情，或许是听到别人的评价，或许是思考问题的角度……但不管出于哪一种原因，我们都不能否认这一点，那就是心存偏见会让人变得浅薄，会让人产生错误的想法，做出错误的决定。甚至会让我们陷入一种主观武断、我行我素的臆想之中。

一旦如此，我们就会对于某些情况视而不见，或是有选择性地见。而见与不见，都是根据我们自己的内心需求来决定的。例如，人们总是认为打扮奇特的年轻人不是什么好人，做不出什么好事情。

可世界就是这么奇妙，人们总是按照自己的需求和想法来判断他人，甚至是这个世界，以至于让偏见和浅薄充斥着我们的大脑。

在纽约到波士顿的火车上，两个人因为无聊而交谈了起来，其中一人是盲人。当时，洛杉矶正在爆发种族暴乱，所以他们的谈话自然而然地谈到了这个话题。

这个盲人说，他从小就生活在美国南方，家庭环境非常优越，有专门的佣人服侍他。在他的思想中，黑人天生就是低人一等的。他的佣人就是一个黑人，平时他很少和这个佣人交流，更看不起他。在外面也是如此，他从来没有和黑人一起吃过饭，也没有和黑人一起上过学。

后来，他来到北方念书，不得不接触黑人，甚至和黑人一起上学。这让他难以接受，于是在一次他举办的野餐会上，他在请柬上印上了这样一行字：我们保留拒绝任何人的权利。这句话的意思非常明显，就是“我们不欢迎黑人”的意思。当时，所有的人都震惊了，没有人相信他竟然有种族偏见，对黑人有这么强烈的歧视。

虽然之后他被系主任抓去骂了一顿，但是这并没有改变他的偏见。他说如果购物的时候，自己遇到了黑人店员，就会把钱放在柜台上，避免和黑人的手有任何接触。

然而，之后的一场交通意外改变了他的人生，也改变了他的偏见。那一年他开始念研究生，却突然遭遇了一场严重的车祸。虽然他幸运地保住了性命，却双眼失明了，再也看不到任何东西。

当时他感到异常痛苦，感觉这个世界都要塌了。可生活还要继续下去，为了生活他只能进入一家盲人重建院，开始重新学习如何利用手杖走路，如何拼读盲文……

经过努力地学习，他终于走出了困境，开始独立生活。然而，他又面临着另外一个苦恼，这比看不见东西更令他无所适从——他不想接触黑人，但是他却弄不清楚对方是不是黑人。

盲人接着说：“这个问题让我感到非常苦恼，只能向我的心理辅导员请教。他耐心地开导我，帮我走出了困扰。而我也非常信任他，把自己的事情和想法都告诉了他。”

盲人停顿了一下，说：“接下来，你可能意想不到。有一天，那位辅导员告诉我，他本人就是黑人。从此以后，我的偏见就完全消失了。

因为我看不见他是白人还是黑人，我只知道他是好人，是全力帮助我的人。至于肤色这个问题，这对我来说，已经没有任何意义了。”

很多人认为盲人是不幸的，但是从另一个角度来说，他们又是幸运的。因为普通人用眼睛看这个世界，而他们却用心来感受这个世界。因为用心，所以他们更重视事情原本的样子；因为用心，所以他们能感受到别人看不见的东西；因为用心，所以他们很少有偏见。

我们想要用心去感受这个世界，就应该走出偏见的误区，让自己变得理智一些，公正一些。做到了公正理智，不主观武断，不以偏概全，我们才能看到问题的本质，从而看到更美好的世界。而这是一个人慢慢成长的过程，也是所有成功者不断积累自己的过程。

不要在意别人，你是上帝的原创

她是一个普通的女孩，一个出租车司机的女儿；可是她又是一个不普通的女孩，她有很好的唱歌天赋。很小的时候，身边的人就说她天生就是一个唱歌的好苗子，有一个好嗓子，对于声音的把握也非常精准。

她从小的梦想就是成为一名出色的歌唱家，所以她非常喜欢唱歌，喜欢把自己的歌声唱给身边的人听。然而，上天是公平的，给了她美妙的声音，同样也给了她难看的龅牙。只要一张嘴，这难看的龅牙就会突出来。而且，突出的牙齿让她的嘴唇翘且前凸，一说话或是唱歌显得特别丑。

爱美之心，人皆有之。女孩每次唱歌的时候，都会尽量用上嘴唇盖住自己的龅牙。这样一来，她唱歌的形态就显得非常别扭，而且吐字也有些不清晰。但是为了让自己更好看，遮盖自己的缺陷，她依旧努力这样做着。

一次，一家唱片公司公开举办了一次歌唱比赛，遴选新的歌手。她觉得这次就是自己实现梦想的机会，而且认为凭借自己的声音肯定能被选上。然而，这一次她失败了，不仅没有得到评委的认可，还遭到了观众的嘲笑——观众都觉得她努力用上嘴唇盖住自己的龅牙的样子非常滑稽可笑。

比赛结束后，她一个人坐在台阶上，沉浸在失败和自卑之中。她觉得自己的梦想破灭了，和唱歌无缘了。此时，一个资深音乐人却找到了她，认为她很有天赋，也具备很大的潜力。这位音乐人诚恳地说：“你是非常有音乐天赋的，就是走入了一个误区。”

女孩迷惑地看着音乐人。音乐人接着说：“我知道你在掩饰什么，你想要掩饰自己难看的牙齿。正因如此，你唱歌的形态才出现了问题，并且发音和吐字变得不太清晰。但是，你要知道，有龅牙又怎样？它不影响你唱出美妙的歌声，这也不是你的错，你为什么要费力去掩饰呢？每个人都有自己的优势，也有自己的缺陷。只要你能够自如地发挥自己，唱好自己的歌，观众会喜欢你的。”

听了这位资深音乐人的话，女孩顿时感到轻松很多。是啊，自己为什么要掩饰难看的牙齿呢？它虽然有些丑，但是并不影响我唱歌啊？如果我为了掩饰它，而毁掉了自己的歌声，岂不是得不偿失？

接下来，她开始自由地唱歌，不再想自己的牙齿是好看还是不好看。站在舞台上，她只想把最美妙的歌声唱给他人听。结果，她终于实现了自己的梦想，成为一位著名的歌手。

认识不到自己的价值，不敢做真正的自己，是很多人失败的最重要的原因。女孩的歌声美妙，拥有极高的唱歌天赋，但是她却因为小小的缺陷而失去了自己，因为掩饰缺陷而丢掉了最宝贵的东西。

要知道每个人都有缺陷和不足，如果我们过于执着于此，就会否定自己的真正价值。只有做回自己，人生才能绽放出不一样的烟火。同样是一个普通的女孩，可是李菲却没有活出属于自己的精彩。

李菲是一个从农村出来的姑娘，从小就过着贫穷的生活。凭借着努力学习，她考上了一流的大学，找到了不错的工作，然后在城市里生活下来。

可是面对城市的繁荣，面对靓丽时尚的城里女孩，她心里就总是有小小的自卑。这让她特别在乎别人的眼光，甚至时常因为别人的眼光而改变自己的选择。

她喜欢穿舒适柔软的布鞋，但是因为同事们都穿高跟鞋，所以她也换上了；她不喜欢吃西餐，但是为了赶上潮流，每周都会去几次；她不喜欢香水，但是不得不喷洒一些，为自己增添女人味……

现在的她成为一名时尚漂亮的女白领，过着和其他人一样的生活。但是，她却不快乐。

是啊，她怎么会快乐呢？

虽然她已经获得了眼中的“幸福”，成为别人眼中“优秀”的人，但是这些都不是她真正想要的。现在她已经不是最真实的她，也没有找到自己真正的价值。在别人的影响下，她早已把自己的幸福丢失了。

我们应该做好自己，过自己最喜欢的生活，做自己最喜欢的事情。如此一来，我们的生活才能更加精彩和快乐。太在意自己的缺点，我们就会忽视自己的价值；太在意别人的眼光，我们就会失去自我。

虽然我们不完美，虽然我们的选择并不是最好的，但是坚持自己，努力做自己最想做的事情，争取内心最想要的东西，这才能获得真正属于自己的幸福。

做好准备，不放过每一个机会

一片茂密的森林里，老虎是这片土地的管理者，带领着大大小小的动物过着井然有序而又悠闲的生活。

一次，老虎接受另一片丛林管理者的邀请，到那里去做客。临走之前，他把管理森林的任务交给了自己的助手狐狸，心想狐狸每天都看着自己办事，肯定也能帮自己管理好动物们。

老虎走后，狐狸便掌握了大权，说话和办事都威严多了，架势十足，好像自己真的成了大王。可是，这种威风凛凛的日子很快就结束了。

一只小松鼠前来告状，说野猪欺负自己，哭哭啼啼地要求狐狸“大王”为自己做主。狐狸想这可是自己树立威信的最好时机，于是他带着小松鼠和众多小动物找野猪理论。可当他看到野猪怒目圆睁、气势汹汹地走过来时，竟然吓得瑟瑟发抖，不敢说一句话，全然没有了之前的威风和神气。

这下小动物们才知道，原来狐狸只是色厉内荏，根本没有管理森林的能力。之后，森林里所有的动物都不再服从狐狸的管理，更不再尊重他。一时间，森林上下一片混乱。

过了几天，老虎一回来，狐狸立即把大王的位子还了回去，小松鼠也立即把野猪欺负自己的事情告诉了老虎。老虎一声长啸就把野猪吓住了，乖乖地接受老虎的批评，并且向小松鼠道歉。而其他动物也纷纷围着老虎拍手叫好。

看到这样的情景，狐狸感到痛苦不已，他问道："同样是大王，为什么你们那么敬重老虎，却不肯听我的。当时我也是大王，也是非常威风的。"

小松鼠说："因为你根本没有老虎的实力，没有能力保护我们，我们为什么要敬重你呢？"

是的，狐狸虽然得到了当大王的机会，却因为没有保护其他动物的实力，处理不好森林里的事务，所以无法得到动物们的敬重。

我们何尝不是如此呢？很多人总是这样感叹，"为什么别人都事业有成，我却没有飞黄腾达的机会呢？""为什么好好的机会就这样错过了呢？"

没有机会确实令人惋惜；机会稍纵即逝，更令人悔恨叹息。但是，不妨问问自己，为什么别人能抓到机会，而你却抓不到？为什么好好的机会，你却白白地错过了？那是因为当机会来临的时候，你原本没有准备好；当机会找到你的时候，你根本没有能力抓住。

哈佛大学的校训这样写道："时刻准备着，当机会来临时你就成功了。"如果你总想着成功，想着成就自己的梦想，但却忘了在等待的过程中提升自己的能力，积蓄自己的力量。那么当机会来的时候，你只会被打得措手不及。

机会是留给那些有准备的人的，那些懒惰的人，再好的机会也没有能力抓住；机会是留给那些有能力的人的，那些一无是处的人，只能在机会面前无所适从。只有那些时刻提升自己的能力并且做好准备的人，才能得到意想不到的机会，迎接命运的转折点。

不要感叹那些成功人士的幸运，也不要羡慕他们拥有好的运气和机会，轻易就跃上了人生的巅峰。你不知道的是，在这个机会到来之前，他们坚持不懈地努力了很久，已经积蓄了足够的力量。

麦克阿瑟将军说过：“召集军队上战场的军号声对于军人来说，就是一种机会。但是，这嘹亮的军号声，绝不会使军人勇敢起来，也不会帮助他们赢得战争，机会还得靠他们自己来把握。”

现在我们要告诉年轻的你，要学会厚积薄发，在机会来临之前，坚守自己的梦想，并且朝着它的方向不断地努力；要不断地充实自己，做好充分的准备，迎接生命中的每一个良机；要不断地积累自己的能力和经验，不要让自己一无是处。

当你抱怨没有机会的时候，或是抱怨一事无成的时候，不妨问问自己：机会来了，你准备好了吗？

将小事做到极致，你就是故事

泰国是一个美丽的地方，也是一个神奇的地方。

一位大老板来到泰国，与客户商谈合作事宜，随后入住了东方饭店。他不是第一次来泰国，也不是第一次入住东方饭店。但每次来泰国，他都会选择这里，是因为这家饭店不论是外部环境还是服务态度都令他非常满意，尤其是饭店里的每一个员工都非常重视细节。

一天早上，他准备去楼下用餐，刚刚走到电梯旁，这层楼的服务小姐就热情地走上前，微笑着说："余先生，您要下楼用餐吗？"

大老板点点头，惊讶于楼层小姐竟然认识自己。但转念一想，自己曾经入住过这个饭店，又时常出现在当地的报道中，被别人认出来也不是什么奇怪的事情。想到这儿，他就打消了疑问，快步走进电梯房。

电梯门打开时，餐厅服务小姐已经在门口迎接了，并且微笑着说："余先生，早上好，您这边请！"

怎么又认识我？这位大老板不禁愣了一会儿。显然，这位餐厅服务小姐看出了他的错愕，于是马上关心地问道："余先生，请问，有什么可以为您效劳的吗？"

见服务小姐问自己，他说："你们这里的人都认识我吗？"

"是的，我们饭店有规定，一定要认清每一位入住我们饭店的客人。"服务小姐微笑着回答。

这不难理解，因为服务行业都有这样的规定，好让客户有宾至如归的感觉。他继续问道："那你为什么会在电梯门口迎接我呢？难道你知道我会来这里用早餐？"

"您入住的楼层服务员刚刚打来电话，说您要下楼用餐。"服务小姐微笑着解释。

这就难怪了！这位大老板为东方饭店的细心和体贴入微的服务感动。

说着，服务小姐把他带进了餐厅，并且询问道："余先生，请问您是要老位子，还是换个新位子呢？"

"老位子？"他惊讶地问，"这是我今年第一次来你们饭店，难道我去年用餐的位子，你们还记得吗？"说实话，就连他自己都不知道之前坐在哪里。

服务小姐立即解释说："是的，我们已经提前查过您的入住记录。您是去年 6 月 8 日入住我们饭店的，早餐的时候，您就坐在右边靠窗的第二个位子。"

听到这样的回答，大老板心里非常激动，忙说："那就老位子吧！"

很快，服务人员端上一份非常特别的点心，中间有一个小小的红点。他好奇地问："这是你们这里的特色吗？中间那个红点是什么？"

服务小姐靠近餐桌，看了一眼，然后退后一步为他解释。

"那周围这些黑色的东西是用什么材料做成的？"大老板又提出问题。

服务小姐又上前看了一眼，然后后退一步进行解释。

这小小的细节让这位大老板佩服至极，因为服务小姐为了防止口水溅到食物中，所以说话时都会自动退后一步！

更令这位大老板惊讶的是，在五年后的一天，他竟然收到一张来自东方饭店的贺卡，里面是一封简短的信：

亲爱的余先生，您已经五年没有光顾东方饭店了，我们饭店的全体工作人员非常想念您，并希望您再次光临。今天是您的生日，祝您生日愉快。

——东方饭店全体工作人员

这时，他才想起来今天是自己的生日，而东方饭店竟然给自己寄来了生日贺卡。至此之后，他每次去泰国都会选择东方饭店，不是因为它的豪华，而是因为他们的服务细微周到，无微不至。

如果是你，是不是也会被这样的服务所打动？

东方饭店之所以能够成为一流酒店，是因为他们不仅为客户提供了良好的服务，还更加注重细节，力求把每个细节都做到完美。正因如此，他们才创造了伟大的辉煌。

“泰山不拒细壤，故能成其高；江河不择细流，故能就其深。”放眼这个世界，任何一个美丽而又伟大的事物都是由无数个细节组成的，我们发现并且把这个细节做到极致，那么成功就会自动出现。

相反，如果我们看不到细节，或是对它视而不见，那么就可能造成重大损失，甚至全盘皆输。例如，流水线上一个环节的小小失误，就会导致产品的质量问题，引发消费者的不满，甚至是企业的倒闭；文案中一个小数点的差异，就会导致提案的失败，甚至是巨大的损失。

可以说，一旦你忽视了细节，不能做到细心，那即便你对工作再有热情，也难以敲响成功的钟声。

一位实习医生到一家知名医院的妇产科实习，在为某位病人做手术时，她在旁边小声说："这次病人的出血量挺少的，我做手术时比这可多很多。"

主任医生听到这样的话，意识到问题的严重性，立即问："手术的时候，你的器械进深是多少？"

她回答了一个数字，而这个数字竟然比实际数字多出四分之一。主任医生大惊，要知道手术台上是容不得丝毫差错的，一个小小的差错就可能害死一条性命。主任医生愤怒地训斥说："你这是草菅人命啊！你上课时是怎么听的课？之前是怎么操作的？竟然在手术台上如此马虎？"

谁知这位实习医生竟然小声说："我以为这手术很简单，没仔细看书，手术时也没有特别注意。"

这是多么可怕的行为啊！医生的一个小小失误就会害了一条活生生的生命，而她竟然没有认真读书，竟然没有重视每一个细节，以至于在器械进深上出现差错，导致病人出血过多！

不管做什么事情，不管做什么职业，我们都要细心严谨，注重每个细节。这是因为每个细节的差错都有可能让我们付出巨大的代价。所以，我们要把每个细节都做到极致，如此我们才能得到意想不到的惊喜！

CHAPTER・08
在爱情的故事里，终有人陪你颠沛流离

无论你的身份如何，都有权利和相爱的人来一场寻找爱情的心灵之旅，对于两个人之间的爱情来说，建立一种心灵上的沟通与身体上的亲昵同样重要，甚至更重要。事实上，你们需要来一场心灵的融合，让爱的感觉更美妙。

你只是失去一段情，不是整个爱情

校园的青葱爱情最美好和纯真的，而梦菲的初恋是自己的大学同学。幸运的是，在大部分校园情侣都经历毕业分手之时，梦菲和爱人坚持了下来，并且在毕业后就步入了婚姻的殿堂，组建起自己的小家庭。

年轻的爱人品尝着爱情的幸福，体会着新婚的美好，梦菲每天都在美梦中醒来。

然而，一场突如其来的车祸却打碎了她的美梦，让这眼前的美好化为泡影。爱人在出差的途中遭遇了一场严重的车祸，失去了年轻的生命。梦菲失去了最爱的人，尽管人们都劝她“节哀顺变，人死不能复生”，尽管亲人和朋友都安慰她，“生活会变好的，你应该走出悲伤，开始新的生活”，可是一年的时间过去了，梦菲还是没有走出失去爱人的悲伤，她每天都郁郁寡欢，茶饭不思。夜晚，回想着两人的点点滴滴，她的泪水浸湿了枕头；白天，看着挂在墙上的婚纱照，她痛彻心扉。为了怀念爱人，她时常来到和爱人约会的公园，时常跑到当初的校园……

一天，梦菲来到和爱人曾经约会的公园。公园里的景色还是如往常一般，而自己身边的人却再也回不来了。她的眼泪情不自禁地流下来，这时，一个小女孩来到她面前，拿着纸巾给她擦眼泪，同时，稚声问道："阿姨，你怎么哭了？是谁欺负你了吗？"

梦菲看到如此可爱的小女孩，强颜欢笑地说："没有呀，阿姨只是丢了一样东西。"

小女孩天真地说："那就赶紧找回来呀。"

梦菲说："他丢了，再也找不回来了。"

小女孩想了想，说：："嗯，那样的话，你可以重新买一个啊！"

梦菲悲伤地说："这个世界上只有一个他，是买不回来的。"

谁知道，小女孩笑着说："那……那我把这个玩具送给你吧，这样一来，阿姨就不会再想那个丢失的东西了，就不会再伤心了。"

接过小女孩的玩具，梦菲陷入了沉思。是啊，这个世界上，没有什么东西是永远属于自己的，就像这手里的玩具，两分钟前还属于那个小女孩，而现在却在自己的手里。而她的爱人在认识她之前，也是不属于她的；自己在遇到他之前，也过着自己的生活，精彩而又美好。虽然爱人已经离开了，但是自己的生活还要继续。

从那天之后，梦菲走出了悲伤，重新开始了生活。虽然她还是会想起爱人，还是会伤心难过，但是却没有让自己沉沦，笑容也明显变多了。朋友们都为她感到高兴，同时询问她走出来的理由。她微笑着回答："找不回来的东西就不找了，当这个道理从一个小女孩的口中说出的时候，我相信那绝对是真的。"

过了一年，她的身边多了一位年轻帅气的男人。他们是在一次会议上遇到的，彼此有些好感。又过了一段时间，她和这位年轻帅气的男人恋爱了，很快走进了婚姻的殿堂。

当然，她内心的深处还留有一个角落，给当初那个深爱的他。而且她知道，他同样希望自己能够放下过去，迎来美好的爱情和生活。

“找不回来的东西就不找了”，这是多么简单的道理。然而，很多人却始终不明白，正如之前的梦菲，因为失去了爱人而陷入悲伤之中无法自拔，失去了生活的乐趣，也失去了重新生活的希望。

很多时候，我们明明知道爱情已经离去，却不肯接受这个现实，依然苦苦地追寻；我们明明知道爱人已经不爱自己，却始终不愿意相信这个事实，还要拼命地纠缠。要知道，爱情既然已经失去了，即便你再痛苦，再纠缠，也是不能挽回的。明知不可追而追之，结果只能是徒劳无功，让自己生活在悲伤之中。

当爱情离去时，我们要告诉自己：我只是失去了一段爱情，而不是整个爱情。难过之后，我们就要学会淡忘。不管是多么浓情蜜意，不管是多么刻骨铭心，都要尝试着慢慢地淡忘。忘记了，我们才能开始新的生活，拥抱新的爱情。

就算爱得再深，也别放弃自尊

青青是一位来自农村的女孩，虽然家境普通，但是她温柔大方，勤奋努力，并且以全校第一的成绩考上了一所重点大学，之后成为了一家著名教育企业的英文老师。

她的优秀和美丽，让很多年轻男子艳羡和倾心，而青青则选择了自己的同事白瑞。他也毕业于一所重点大学，家是本市的，而且阳光开朗，非常帅气。

很快，两人谈起了恋爱，你侬我侬，甜蜜非常。可白瑞有着现在年轻人都有的缺点，有点懒，不喜欢做家务；有些大男子主义，喜欢对青青指手画脚。青青虽然非常优秀，但是骨子里却有些自卑，认为自己来自农村，是最普通的女孩。所以她平时总是顺着白瑞，宠着白瑞，甚至还有些讨好的意味。

白瑞不喜欢做家务，房间里乱七八糟，青青每周都到他的住处，为他整理卫生，给他做喜欢吃的美食；白瑞发脾气的时候，不管青青自己多么委屈，她都会先认错，想尽办法讨好他；平时两人相处的时候，青青总是小心翼翼，生怕自己做错了什么……

可她越是这样，白瑞就越过分，一有不如意就把气全撒到她身上。为了维护自己的爱情，青青可以说是非常卑微，甚至有些失去自我。尽管朋友们都劝她，但是她还是和白瑞结了婚。但这婚却不是白瑞求的，而是青青自己求的。她说自己不求什么，只求白瑞能够娶自己，能够一直爱自己。

婚后，青青就更加卑微了，尤其是在婆婆面前，当初优秀乐观的她不可救药地变成了自卑而又卑微的她。白瑞也越来越不关心她，就连她怀孕的时候，都不曾好好地照顾和关心她，甚至表现出一副不冷不热的样子。而青青也只是安慰自己，说白瑞的工作压力太大了，自己要让着他，任由他冲自己乱发脾气。

青青生下孩子之后，父母来城里看望女儿。白瑞虽然礼貌接待岳父岳母，周全得无可挑剔，可是眼神里却透露出一股居高临下的不屑。青青有些不高兴，但却认为自己的父母确实是农民，文化素质不高，不能怪白瑞无礼。

慢慢地，白瑞经常与一群朋友在外面玩耍，有时回来得很晚，有时夜不归宿，对孩子更是不管不问。青青仍然选择了容忍，只是她有时会抱怨，为什么自己如此卑微地爱着白瑞，他却越来越过分，越来越不爱自己？她不明白为什么受伤的总是自己？

她不知道怎么办，只能是卑微地爱着，一边想要得到白瑞的爱，一边在痛苦中挣扎。

不管是在爱情里，还是在婚姻里，卑微的爱都是不能长久的，更留不住人心。试想，当你自己都看不起自己，失去了尊严，那么别人又怎么能看得起你？你自己都把自己看得卑微无比，活成自己讨厌的样子，别人又怎么能爱这样的你呢？

青青和白瑞之所以相爱，是因为他们都是优秀的人，有自己的才华，有自己的尊严和个性。可慢慢地，青青在爱情中失去了自我，无限度地讨好，无限度地容忍，这样的她早就失去了原来的样子，这让白瑞怎么爱得起来呢？

一代才女张爱玲曾说过："女人在爱情中生出卑微之心，一直低，低到尘土里，然后，从尘土里开出花来。"她对胡兰成的爱也是卑微的，她深爱着胡兰成，爱他的风流倜傥，爱他的才华……她从上海去胡兰成暂居的温州看他，她说："远远地看到了温州，我的心里是多么激动，觉得它那么熟悉，因为你就生活在那里……"

但是这样的爱得到回报了吗？没有，相反，胡兰成在赞美张爱玲的时候，也一样的赞美着她的好朋友炎樱；甚至他与她在一起时，还偷偷地与苏青密会。

我们不能否定胡兰成的"渣"，但是也不得不承认，长久以来，是张爱玲卑微的爱造就了这一切。

鱼玄机说："易求无价宝，难得有情郎。"可见，爱情是非常难得的。在茫茫人海中，遇到一个可以和自己相遇、相知、相爱的人更是非常不易。于是有些人为了爱情，宁愿妥协，小心翼翼地迎合着对方，把付出和退让认为是理所当然，甚至失去了自我和尊严。

然而，爱情里是不能太过于卑微的，把自己放在很低的地位，即便你卑微到尘埃里也无法赢得爱情；爱情里也不能太讨好，完全失去了自己。你越是讨好，就越让对方看不起。

真的爱情不是一个人的独角戏，更不是一个人对另一个人的讨好和迎合。爱情是两个人相互扶持，彼此付出，却依然能够活出精彩的自我。为爱情失去了自己，卑微到尘埃，那么爱情也必定会抛弃你。

其实，卑微的爱不是真正的爱，更是不够爱，这是对自己和爱情的一种亵渎。不管到什么时候，每个人都不能失去自己，失去尊严。

不管是婚姻还是爱情，彼此都是独立、自主的，都是为了自己而活着的。当你让自己变得更精彩和美丽时，爱情才能不期而遇，爱人才能更倾心于你。

我们不能学张爱玲，做卑微到尘埃里的一根草；而是应该学简·爱，做勇敢而独立的自己。简·爱平凡普通，是一个贫穷的小保姆，但是面对地位尊贵的罗切斯特，她却说出了这样的话："虽然我贫穷，虽然我不漂亮，但我的心灵跟你一样丰富，我的心胸跟你一样充实！当我们的灵魂穿过坟墓，站在上帝面前时，我们是平等的。"

所以，就算再怎么深爱那个人，也一定要爱得不卑不亢，不要让自己变得卑微。好好爱自己，才能赢得最美好的爱情。

给爱一点距离，否则它会窒息

时光如梭，七年的时光，转眼间就这样过去了。

爱情最美好的地方是每天在一起，最无奈的地方也是每天在一起。夫妻二人带着美好的憧憬走进婚姻，希望自己的爱情能够有完美的结局。

对于婚姻，他们格外珍惜，每一个在一起的日子都成为了生命中最可贵的时光。早上，她为他做早餐，他为她准备牙膏牙刷；晚上，他们一起依偎着看电视，或是到楼下的花园散步……他们感谢上天让他们在有限的生命遇到最美的爱情。

可时间久了，两个人之间的浪漫爱情添加了更多的柴米油盐，生活变得平淡而又琐碎。随着工作压力的增加，孩子的出生，他们之间朝朝暮暮的情怀也逐渐地消退。每天生活在一起，没有了约会，没有了亲密，拉着对方的手，就像拉自己的手一样；每天重复着同样的生活，一切变得那么平淡和枯燥。

女人感慨：这就是生活的无奈，这就是人们所说的“七年之痒”吧。她知道，自己的生活不应该这样继续下去，否则婚姻和爱情终究终将会走向结束。她想要改变，想要改变这枯燥平淡的生活，想要让自己去透透气。

一天，她对丈夫说："我要到外地出差一周，每天都需要开很多会议。所以，这期间不要给我打电话，会议结束后我自然就回来了。"之后，她就带着行李箱走了，把孩子交付给自己的妈妈。

前几天，丈夫并没有觉察什么，后来因为孩子的一些事情给她打过电话，却发现电话始终处于关机的状态。他只能给妻子的公司打电话，结果公司说并没有安排妻子出差，还说她因为家里有事请假一周。

一时间丈夫慌神了，不知道妻子为什么会突然消失。他发疯一样地到处寻找，给她所有的朋友都打了电话，甚至还有了报警的想法。

最后，他终于在一家度假村找到了妻子，当时她正在房间内喝着红酒，听着音乐，过着逍遥自在的日子。看到她这个样子，他惊呆了。

他有些情绪失控，疯子一样地奔向妻子，大声地质问："你为什么说谎？为什么躲在这里？你想要做什么？"

她看着发疯的丈夫，显然也被吓呆了。好久之后，她平静地说："我只是想要自己生活一段时间。"

他不解地问："自己生活？什么意思？难道你厌倦了我们的婚姻？难道你想要离开我们？"

她摇着头说："不，正好相反。我就是想要守住我们的婚姻，守住我们的爱。所以，我出来透透气，吹吹风，让自己过几天不一样的生活，也为我们的爱情和婚姻保鲜。"

听了她的话，他愣住了。是啊，生活太平淡了，当往日的激情已经散去，当曾经的甜蜜 趋于平淡，我们如何能够让这份爱继续下去呢？

生活确实平淡无奇，不可能每天都有玫瑰和烛光晚餐，也不可能每天都有激情四射的热情。我们也不能否认，任何人的生活和婚姻都终将归于平淡。即便是最爱的人，每天生活在一起，过着同样的生活，也无法逃脱烦躁和厌倦。

所以，我们应该学会给自己的生活和婚姻保鲜，偶尔制造一些浪漫和惊喜；偶尔让自己出去放松放松，独自放个假，然后以另一种心态来面对彼此。如此一来，我们才能在平淡的日子里守护好那份爱，让它不褪色，不走样。

记得有位哲人曾说："爱情就像手中的沙子，握得越紧，流失得越快；当你微微松开手，给它点缝隙，反倒留住了沙。在爱情平淡期里，最好的保鲜方式就是放松，哪怕再爱，也要给彼此留出一点呼吸的空间，不要做缠藤树，爱不是占有，而是给彼此自由。"

我们都听说过两只刺猬的故事。寒冬的时候，刺猬为了取暖，紧紧地依偎着对方，但是靠得太近，他们又会被对方的针刺刺痛。于是，他们不得不分开，后因为寒冷又重新抱在一起，刺痛了再分开。经过了反复的尝试之后，它们终于找到了拥抱的最好状态，既可以彼此取暖，又不会刺痛彼此。

其实，爱情和婚姻也是如此。亲密无间，会让彼此因为没有自由而窒息；疏远了，却又因为距离而慢慢地让爱远去。最好的爱，就是让彼此找到最恰当的距离，彼此相爱，却又有自己的空间和自由。

他有一位温柔又善解人意的妻子，依靠他，却不牵绊他；爱他，却不占有他，总是能够让他感到轻松和幸福。而他平时对妻子也是呵护备至，体贴有加，家中大小家务几乎全部包揽。

一天，快下班的时候，他的手机突然响了起来。妻子来电话，温柔地问他是否能早回家："老公，今天你单位忙吗？能不能早点回家？我想要和闺蜜去逛街，你去接孩子，可以吗？"

此时，他刚和老板发生冲突，想要和同事好好聊聊。听到妻子这样的要求，他的口气有些不好，说道：“又要和闺蜜去逛街吗？难道你就不能去接孩子吗？”

听了他的话，妻子知道他心情不好，却没有像其他女人一样发脾气，而是温温柔柔地说：“好吧，那我就不和闺蜜逛街了。我回家为你准备你喜欢的排骨，好吗？”

他知道不应该和妻子发脾气，便转变了口气，说自己今天和同事有约，要晚点回去。

妻子听后也没多问，依旧温柔地说：“好吧，你们好好聊聊吧。不过晚上开车注意安全哦，喝酒之后不要开车哦……”

饭桌上，孩子问妈妈，爸爸怎么没有回来吃饭，女人说：“爸爸想失踪一会儿。不用担心爸爸，他只是出去放放风，等到明天，他自然就会回来了。”

那天晚上，他快 12 点才回家，还喝了不少酒。而临睡前，妻子则为他准备好了醒酒汤，提醒他睡觉之前喝掉，以免明天不舒服。他看到了醒酒汤和妻子的纸条，脸上挂满了微笑。

第二天，妻子在准备早餐的时候，他的手从后面抱住了她的腰，温柔地说:“亲爱的,你辛苦了,还有谢谢你的理解。”妻子则假装生气地说:“哼，今天晚上我要和闺蜜逛街，你必须回来接孩子。还有我要买很多东西！”而他则笑着答应……

更令人感动的不是一句“我爱你”，而是一句“在一起”。然而，在一起，却不等于如影随形；在一起，也不一定亲密无间。爱是相依相恋，不是占有缠绕，因为当爱真的亲密无间之时，那才是真正的陌生和疏离。

心理学家说过，一直看着一件东西，时间久了，就会感觉这东西不是原本的样子，从而产生陌生感。夫妻和爱人之间也是如此，太熟悉了往往就会经不起琢磨。不管是夫妻还是情侣，一旦彼此没有了距离，时间久了，就会产生异样的情愫。

所以说，距离产生美，偶尔制造点小距离，给自己和对方一点自由的空间，反倒能带来一些意外的收获。当然，这种距离不仅仅是空间上的，还是心理上的。

真实的浪漫，是平淡中的相互感念

爱玲美丽大方，是父母宠爱的公主，有一个非常好的工作——在一家银行做客户经理。年轻美丽的她，遇到了高大帅气的男朋友。他也是一位非常优秀的青年，在一家科技公司做技术主管。

爱情之初，两个人爱得轰轰烈烈，你侬我侬，成为了令人羡慕的情侣。两年的热恋之后，他们顺其自然地走入了婚姻的殿堂。可与爱情相比，婚姻就多了一些琐事，柴米油盐酱醋茶，婆媳关系、亲戚关系等小事也是叨扰不断。

可偏偏爱玲是一个被宠坏了的小公主，是那种追求浪漫和激情情愫的女孩子。结婚后，她依旧沉浸在美好的爱情之中，希望丈夫每天都能接她下班，甚至还希望丈夫能够像偶像剧里的那些白马王子一样“变着花样”地出现；她非常重视仪式感，认为男人就应该在情人节、结婚纪念日、相识纪念日、初吻纪念日等特殊的日子给她不一样的惊喜，对她说 I Love You。

恋爱的时候，丈夫都可以做到这样，时常手捧玫瑰花给爱玲制造浪漫。可时间长了，丈夫就有些吃不消了，觉得爱玲有些难伺候。再加上他是一个地道的理工男，认为生活就应该现实些，那些所谓的浪漫都不过是虚幻，甚至是矫情罢了。

一天，爱玲正兴致勃勃地看着自己最喜欢的爱情片，看到男主为了女主费尽心思，在异国他乡的街头寻找她爱不释手的手表，便对丈夫说："男主真是太浪漫了！他这样为女主费尽心思，定能赢得女主的芳心。要是你，你会这样做吗？你会为了我喜爱的东西而跑遍整个城市吗？"

她正闪着星星眼，等待着丈夫的回答。谁知道正在看手机的丈夫，随口说道："电视里的故事都是骗人的，专门骗你们这些喜爱浪漫的女人。生活就是现实，我们每天都忙死了，哪有时间和精力做那些！"

一听丈夫这话，爱玲立即生气地抱怨，说他越来越不解风情，越来越不爱自己了，还说什么男人要时时刻刻宠爱女人，就像偶像剧里的男主那样，才是正常的爱。而丈夫早就厌烦了这些，便和爱玲争辩了几句。两人便闹起了矛盾，爱玲甚至还哭闹着跑回了娘家。

事实上，爱玲和丈夫的相处模式代表了很多年轻人婚后的情形：热恋的时候，两个人你侬我侬，不断通过各种浪漫的行为来证明自己的爱，不断地寻找着浪漫和刺激；但是步入婚姻殿堂之后，甜言蜜语不再是每天必须说的，取代它的是生活琐事、柴米油盐。

于是，女人抱怨男人不解风情，没有之前的宠爱和温柔。而男人呢？则抱怨女人开始作，早已没有了恋爱时的温婉，甚至还会管起自己。因此很多人感叹，甚至感到悲伤。

可是，我们不禁想，难道进入婚姻之后，爱情就慢慢地消失了吗？

当然不是。只是很多时候我们沉浸在自己的世界里，不愿意面对生活；更不是里面的男女主角。生活需要的是真实，不会每天都有那么多的惊喜，不会每天都有那么多的浪漫。而日常的相处和琐碎的柴米油盐这些实实在在的幸福才是生活的真谛。

就好像三毛所说的：“如果爱情不落到洗衣、做饭、数钱、带孩子这些零散的小事上，是不容易长久的。”其实，每个人的骨子里都有浪漫的情愫和现实的成分，不管是男人还是女人。只是进入了婚姻之后，男人的理性多于感性，更注重于现实；而女人则不同了，她们的感性多于理性，很难一下子从浪漫的恋爱中回过神来，所以才导致了夫妻之间的矛盾。

不管是男人还是女人，为了生活琐事吵架都是完全没有必要的。因为生活就是这样的，在磕磕绊绊中过一生，在平淡的相互感念中过一生。我们需要彼此的温柔，偶尔的惊喜和仪式感，但是却不能幻想婚姻每天都有那么多的惊喜和浪漫。

她和他结婚三年，她和爱玲一样也是一个追求浪漫的女人，期望自己的婚姻生活能够如诗如画。可他却非常木讷，不解风情，甚至连一句甜言蜜语都不会说。

这样的生活让她感到无趣和失望，甚至觉得他不是真的爱自己，不值得自己托付终身。经过了慎重的思考之后，她说出了自己的心声：“这样的生活并不是我想要的。我累了，也疲倦了，我们离婚吧。”

他深爱自己的妻子，尽量给她最好的生活，为此他努力工作，没黑没夜地加班。可没想到却等到妻子说要离婚的消息，顿时他愣住了，艰涩地问道：“为什么？我们不是很好吗？是我哪里做得不好吗？你说，我应该怎么做？只要你说，我一定能改！”

见他如此伤心，她的内心并不好受。但是她再也不想过这样平淡的生活，于是她说：“那好，我问你一个问题，如果你能给我满意的答案，我就不提离婚。如果我非常喜欢一朵花，但是它长在悬崖上，你必须冒着摔得粉身碎骨的危险才能摘到它，那么你还会为了我去摘吗？”

他沉默了很好一会儿，郑重地说：“我需要思考一下，明天早上再给你答案，好吗？”

她非常失望，没有想到此时他仍会给出这样的答案。这下她更坚定了自己的想法，打算第二天早上就离开这里，离开这个毫无情趣的家。

第二天早上，她早早就醒来了，却发现他早就已经出门了。她发现桌上依然像往常一样放着一碗她最爱的米粥，下面压着一张他留下的纸条：

亲爱的：

我确定我不会去摘那朵花，理由是：

我们生活在这里这么久，你每次出去还是找不到方向，然后就会慌张地大哭。我怕你走丢了，所以我要留着眼睛帮你看路。

别人惹你生气时，你总是不知道怎么反驳，然后一个人生闷气。我怕你生气哭泣，所以我要留着嘴巴逗你开心。

你每月那几天都会疼痛难忍，而我要留着手给你暖肚子。

你出门总是忘记带钱包，买好了东西才发现没带钱。我要留着脚给你跑腿，让你买更多喜欢的东西。

我不知道，我走了之后还有谁能为你做这些事情。所以，在确定你身边没有更爱你的人之前，我不想去摘那朵花……

亲爱的，如果你接受我的答案，就把房门打开吧！我给你买了最喜欢吃的豆沙包……

看完这只张纸条，她才发现虽然他不善言辞，不会说那些甜言蜜语，但是却用行动表达着对自己的爱。虽然他做的这些都是再寻常不过的小事，但是却充满了对自己浓浓的爱意。

她立即打开了门，扑在他怀里放声大哭。之后，她再也不胡思乱想，而他则学会了如何表达自己的爱，让她知道自己的爱。

“我能想到最浪漫的事，就是和你一起慢慢变老。”爱情原本就应该是这样，如涓涓细流，这才是最真实的浪漫。

梦幻般的爱情是不存在的，即便存在，也不能持续一生。梦可以偶尔做做，但大多时候我们还应该生活在现实当中，在平淡的生活中斯守，彼此理解和体贴，偶尔增添一些情趣和浪漫。

爱情可以是花前月下的浪漫，可以是一时激情的飞蛾扑火。而婚姻却需要真实，平淡的生活充满了琐碎和无趣，但是却也充满了温情和体贴。多留意生活中实实在在的爱意，多体会这真实的浪漫，我们的生活才能更加幸福和美满。

彼此尊重，才能将爱情带入化境

一个年轻人为情所困，不知道该找怎样的妻子来度过一生。

于是他前去请教一位颇为知名的情感专家，并问道："生活中，我们总是会遇到我爱的人和爱我的人，那么我应该找个我爱的人做妻子，还是应该找个爱我的人做妻子呢？"

情感专家微笑着说："其实这个问题，你内心深处早就有了答案。这些年，你经历了几次爱情，能够让你刻骨铭心的，并让你感到快乐的，是你爱的人呢，还是爱你的人呢？"

年轻人说："可人们都说，找个爱我的人才能感受到生活的幸福。因为她会全心全意地爱我，她会给予我所需要的一切。"

"真的是这样吗？"情感专家看着这个年轻人，反问道。然后继续说，"如果你真的这样认为，那么你的一生将无法幸福！你习惯了别人追逐你的步伐，不再去追逐一个自己爱的人，如此一来，你便会安心享受这一切，习惯享受这一切，不愿意付出和努力。从而，你也会停止了自我完善的步伐……"

年轻人着急地说："那如果我选择我爱的人呢？"

情感专家说:“因为她是你最爱的人,所以你会努力给她幸福和快乐,把她的幸福和快乐作为人生最大的目标。之后你会不断地追求和付出,不断地完善自己。”

年轻人不满地说:“那我岂不是活得很累?”

情感专家笑着说:“生活本就辛苦,追求幸福的过程更是辛苦的。”

年轻人又问:“那么,既然我不能选择爱我的人,我是不是应该善待她们呢?”

情感专家没有回答,反问说:“你自己说呢?”

年轻人苦笑了一下:“我想我不需要。我觉得爱情是纯粹的,不需要夹杂着同情和怜悯。如果我不是发自内心地爱她,同情和怜悯她,那不是真正对她好,她也不会快乐幸福。如果我爱的人不爱我,我也绝对不能容忍同情和怜悯,我宁愿她不要理睬我,又或者直接拒绝我的爱意。这样一来,我才不会越陷越深,才能够重新开始新的爱情。”

情感专家微笑着点头,肯定了他的答案。之后,年轻人又问:“既然你说如果我爱一个人,就会努力为她制造幸福,那么为什么我以前很爱一个女孩,她在我眼里是最美的,之后我却常常觉得她没有那么漂亮了,甚至身上还有很多我无法容忍的缺点?她不是我努力追求的吗?”

情感专家问道:“她是完美的吗?她身上没有任何缺点吗?”

年轻人回答说:“当然,没有人是完美无缺的。”

情感专家说:“没错,没有人是完美的,你爱的人也是如此。而且在你爱她的时候,你也深知这一点,只是你对她的爱恋已经让你忽视了这些,只看到她的美、她的好。可是,等到时间长了,你的爱情淡了,这些缺点才会映入你的眼帘。”

“她没有变,仍然是那个她;你也没有变,只是你的爱情变了。时间是考验一切的标准,如果你能够尊重、包容对方,那么你们的爱就会长久。如果这份爱缺少了包容和尊重，那么你就只能看到对方的缺点，让这份爱慢慢地流失。”

年轻人说：“两人在一起时间长了，没有了以前的那些激情，就只能剩下亲情吗？”

情感专家想了想，回答说：“其实，不管是爱情还是婚姻，当两人的感情到了一定程度的时候，就会在不知不觉中转变为亲情，彼此把对方看成是生活的一部分。虽然少了激情和浪漫，但是却多了理解和尊重，以及责任和担当。爱是相互吸引而开始的，因为心动而相爱，因为相爱而在一起。但是更重要的是，爱情更需要理解和尊重，这样两人才能携手一生。”

没错，爱情需要理解和尊重，尤其是夫妻之间，在经历了浪漫的爱情之后，更需要相互尊重。面对平淡的生活，以及柴米油盐等家庭琐事，如果缺少了尊重，婚姻生活很难长久地维持下去，就更别提相亲相爱了。

现实生活中，很多人会抱怨：“我们之间明明有爱，但为什么就不能幸福地在一起，为什么会走到离婚的境地呢？”其实，就是因为彼此之间缺少了理解和尊重。

生活轨迹不同的两个人因为相爱走到了一起，需要磨合，需要适应，更需要改变。只有相互体谅，相互理解，日子才会越过越美满。

然然和丈夫李俊结婚之后，两人一起经营着一家建材商店。虽然每天都要忙碌到很晚，与不同的客户打交道，可两个人的生活过得有滋有味。

可过了一段时间，然然发现李俊有一个问题，那就是遇到事情不喜欢和自己商量，习惯一个人说了算。她觉得既然两人已经结婚，就应该共同经营这个家，有事一起商量，有问题一起解决。当她把自己的想法和李俊说的时候，李俊也满口答应了，却始终没有往心里去。

这一天，然然无意中看到了一张汇款单，收款人是丈夫的表姐。直到这时，她才知道李俊没有和自己商量，就把一大笔钱借给自己的表姐。她非常不高兴，因为他们已经商量好了，近期要扩大店面，把生意再做大一些。

她立即就想找李俊算账，可转过来一想，这样并不能解决问题，反而会弄得两人不欢而散。为了更好地解决这个事情，让李俊懂得尊重和理解自己，她想到了一个好办法。

晚上吃完饭后，然然假装随意地说："我有一个朋友，不小心把腿摔断了，需要住院治疗。可直到交住院费，她的丈夫才告诉她家里已经没有钱了，所有的钱都借给了朋友。为了让朋友顺利住院，我们几个闺蜜不得不暂时为她交了住院费。而朋友则和丈夫大吵一架，差点离婚。"

李俊听了然然的话，惭愧地低下了头。然然见此，继续说："婚姻需要坦诚和包容，更需要相互的尊重和理解。凡事都不能一个人说了算，更不能忽视另一个人的存在。要不然，两人还怎么相亲相爱呢？"

听了然然的话，李俊立即承认了自己的错误，主动把自己借钱给表姐的事说了出来，请求她的谅解，并表示以后做事会和然然商量。而然然也包容了李俊，并没有太过于苛责。

从那之后，李俊就彻底改正了这个缺点，凡事都尊重然然的意见。两人的生活越来越幸福，生意也是越做越好。

夫妻之间应当是相互包容和尊重的，你包容爱人后，也会得到爱人的理解；你尊重爱人后，也会受到同样的尊重。男人需要女人的理解和尊重，在他得意的时候，女人不要打击他，尽量不要在他面前太显山露水；在他失意的时候，也不要抱怨和指责，让他觉得自己被逼到了绝路；当他在外面高谈阔论，甚至吹牛的时候，不要揭穿他、反驳他……

同样，女人也需要男人的宠爱和尊重，在她发牢骚的时候，不要一味指责，让她觉得不被理解；在她需要关心的时候，不要置若罔闻；在她述说自己的想法时，要尊重她的意见……

两个人因为爱情和婚姻走在了一起，没有了尊重，那就不是真正的婚姻，而是两个人搭伙过日子。而只有彼此相亲相爱，相互理解和尊重，才能幸福地走好人生。

将爱进行到底，哪怕颠沛流离

爱情很简单，一句“我爱你”，便肯为对方付出所有；爱情也很艰难，一句“我爱你”，却不足以让两人历经风雨，一直相扶到老。

所以有人不相信爱情，认为不值得为了爱而飞蛾扑火。可是，李峰却并非如此，他承认相爱容易相守难，但却始终坚信爱是永恒，爱是坚守。

二十二岁的时候，李峰遇到了美丽善良的欣欣，两人迅速坠入爱河。男才女貌的爱情是令人羡慕的，却也让上天嫉妒。当他们向往着美好的生活，期待着幸福的婚姻时，李峰发现自己得了肿瘤，而且是恶性的。

这样的打击让他彻底崩溃，他伤心难过不甘，但是却又无可奈何。他知道自己不能自私，耽误了欣欣的青春，于是他痛苦地与她分手，想要一个人承受这恐惧与绝望。可当欣欣知道他的病情之后并没有离开，而是默默守在他身边，给他支持和鼓励。有时，还陪他一起去医院进行治疗，一起陪他度假散心。

尽管那段时间异常艰苦，但是有了欣欣的陪伴和支持，让李峰对未来重新充满希望，每天都积极努力地生活。

没过多久，他们结婚了。在婚礼上，他们宣读着结婚的誓言：在之后的生活中，不管是顺境或逆境、富有或贫穷、健康或疾病，我们相互支持，相互理解，相爱永远。念着这几句誓言，李峰和欣欣泪流满面，因为对于他们来说，这不是几句泛泛的空话，而是真实的经历和感受。

十年过去了，李峰的病情早已好转，且没有再复发过。他和欣欣过着美满的生活，有了温馨的家，有了可爱的孩子。

回想起那段往事，李峰心怀内疚，因为没能给欣欣一份安逸的生活而感到愧疚。所以他在之后更加疼爱妻子，做她坚实的依靠，为她挡风遮雨。而欣欣却认为那段往事才是最浪漫的事情，她时常说："将来会发生什么，谁都无法预测。可这有什么关系呢？不管遇到什么，只要我们每天都在一起，就要幸福地面对。没有谁的爱是轰轰烈烈的，刻骨铭心的，我们既然经历了，就要让这刻骨铭心转化为一生的相依相伴。"

爱不仅仅是花前月下，不仅仅是轰轰烈烈，更是风雨中的相依相守，平淡中的相濡以沫。在爱情的旅途上，顺境和逆境不时交替，激情和平淡不断转化。顺境时的爱很简单，无非就是相依相伴，一起幸福；可逆境时的爱却很艰难，它需要我们顶着暴风骤雨，搀扶着伴侣不离不弃。

通往幸福的路很漫长，也很艰辛。如果只是平坦和顺利，少了生死相依、相互搀扶的积淀，即便是拥有了，却也少了些滋味。我们要明白，真正的幸福，往往并不是那么容易就能得到的；真正的爱情，往往并不是那么简单就可以获得的。很多时候，幸福是"熬"出来的，无论是在感情上，还是在生活上。

豪华的酒店，灯光闪烁，宾朋满座。某位公司的总裁正在为儿子举办婚礼，父母入场时，气宇轩昂的总裁先生，挽着一位珠光宝气、雍容华贵的妻子缓慢地走向主席台。虽然总裁夫人打扮得雍容华贵，但面色衰老，而总裁则显得精神抖擞。

看着他们的背影，一位年轻的女客噘着嘴说：“真是一个华美的花盆，种了一棵苦菜花啊！总裁夫人再怎么打扮，也遮不住脸上岁月的痕迹啊！总裁就应该配年轻漂亮的女人，像我这样的气质……”

她还没有说完，旁边的一位女士便笑着说：“男人就像酒，总是越老越醇。你现在年轻漂亮，站在总裁身边，或许是相得益彰。可你会爱上一个父母双亡、家无片瓦的猪倌吗？你会跟一个白手起家、连房租都付不起的男人同甘共苦吗？”

看着她惊愕的表情，女士继续说道：“你只知道总裁的财富无人可敌，只知道他今天风光无比。可是他也是从一无所有的时候熬出来的，那个时候是总裁夫人吃尽艰辛陪着总裁一步步走出的。你想要当总裁夫人，先得住猪圈、割猪草、闻猪粪……幸福，都是在苦水中慢慢熬出来的。”

那位年轻的女客人，听了这样的话，低下了头，不再说话。

男人如同一块需要雕琢的玉，经历了数年的打磨，变得璀璨耀眼。可是，当年他一穷二白、奋力拼搏的时候，又有几个人会把目光聚集在他身上？这样的说法，同样也适合女人。

没错，经历了困难，幸福才能更加长久；经历了风雨同舟，爱情才能更加真挚。很多人不明白爱和幸福的真谛，理所当然地认为搭上一个“高富帅”或“白富美”，可以一下子少奋斗二三十年，就是幸福；只是想要品尝爱情的甜蜜，却忘记了爱的责任和担当。

想要真正的幸福，我们就应该把爱情进行到底，不管是平平淡淡，还是经历风雨。

不合适，爱情就是一个错误

爱情没有好与不好，只有合适与不合适。在合适的时间，找到一个合适的人，情投意合，就可以收获美好的爱情。可是在合适的时间，遇到一个不合适的人，爱情就只能是一个美丽的错误。就好像是孔雀和白鹤，它们虽然都非常美丽，但是却很难成为相爱的一对。

王蔷和男友在一起两年了，这两年来，虽然彼此都努力迎合对方，磨合着相处，但是总是没有爱情该有的样子。

并不是说他们不优秀，不喜欢对方，只能说是性格不合。她非常乐观开朗，喜欢和朋友一起旅行；可是他却比较沉闷，平时不喜欢出门，更不喜欢旅行，每天最大的爱好就是和朋友们一起玩网络游戏。

虽然他曾经为了陪她，一起去旅行，一起去爬山，可他总是融不到她的圈子，而她也总是能够感觉到他的不快乐；虽然她也曾经为了陪他，宅在家里，看电脑、玩游戏，可就是无法感觉到生活的乐趣，而他也不想难为她。

王蔷是事业心比较强的人，喜欢为了工作而不懈地努力，喜欢征服的快感。可是他却是向往自由的人，不喜欢被别人约束，也没有什么野心和抱负。开始两人还能和谐相处，可是时间长了，她就会嫌他没有事业心，不知道努力拼搏；而他则说她性格强势，喜欢命令自己。

人们常说，相爱总是简单，相处太难。他们都有各自的性格，而且差异很大，朝夕相处的两个人势必会产生很多矛盾和争吵。即便是忍让和妥协，两人也无法获得真正的快乐。所以，他们选择了分手，和平地分手。

所有人都感到非常惊讶，都说他们都那么优秀，怎么就突然分手了？而王蔷则笑着说："他没什么不好，我也没有什么不对，但我们真的不合适。不合适的两个人，虽然可以相爱，却不能相处，如果不早点放弃的话，只能让两人都受伤。"

是啊，不合适就是不合适，就像是两个不合适的齿轮永远也无法转在一起一样，如果硬要在一起，只能都遍体鳞伤。不合适的爱情就是一个美丽的错误，既然发现错了，就不能继续错下去。

爱情容不下将就和凑合，更容不下将错就错。虽然我们知道，放下是一件痛苦和无奈的事情，但是明明已经知道错了，却不肯果断地把这份爱放下，那只能让自己受伤。

小迪是一位大学毕业生，非常幸运地进入一家金融管理公司。刚刚踏入职场的她，青涩但是勇敢，天真却很自然，再加上为人乐观热情，所以受到了领导和同事们的喜欢。

小迪的直属上司是一位年轻有为的男人，刚刚三十出头，业务能力强，对待下属又关心备至。这让小迪心生好感，心想如果谁能成为他的女朋友肯定幸福死了。在工作的接触中，小迪毫不掩饰自己对上司的好感，而他也曾经暗示过自己没有女朋友。自然而然地，小迪就和这位上司发展成了恋人关系。

不过这段关系是保密的，因为上司说公司禁止员工之间谈恋爱，更不允许上司和下属谈恋爱。所以，小迪在公司从来不敢和上司太亲近，而平时约会的时候，两人也是尽量躲着同事。

然而一个偶然的机会，小迪听一位业务部的同事说，其实上司早就已经结婚了，孩子都已经上幼儿园了。她愤怒地质问上司，上司却说自己和妻子已经没有了感情，只是因为种种原因没有离婚。他还让小迪等他两年，两年后自己一定离婚……

小迪感觉自己受到了欺骗，虽然她非常爱这位上司，但是理智告诉她他就是一个出轨的“渣男”。她不允许自己成为可耻的第三者，更不允许自己受渣男的蒙骗。于是，她果断地和上司说了分手，离开了这个公司，好让自己彻底地割舍这段错误的爱情。

走错了路，及时回头，才不会迷失了方向；爱错了人，懂得及时放手，才不会越来越痛苦。小迪遇到了错误的人，碰上了错误的爱情，但是她没有迷失自己，没有让自己继续错下去。

正因如此，在两年之后，她遇到了合适的人，也收获了美好的爱情。她的男朋友虽然不帅气，但是正直阳光；他们的爱情虽然不轰轰烈烈，但是却甜蜜非常。

虽然爱情本来没有对和错，只是我们遇到的人错了。或许是在合适的时间遇到不合适的人，或许是在不合适的时间遇到了合适的人。但是不管哪一种，这样的爱都只能是错误的，都终究是无法完美的。

如果爱情只是一个美丽的错误，我们就应该及早地回头，不要再为不合适的人浪费青春，不要再因为错误的感情而纠缠不已。因为那个最合适的人，那段最美好的爱情，就在不远的地方等着你。